U0051903

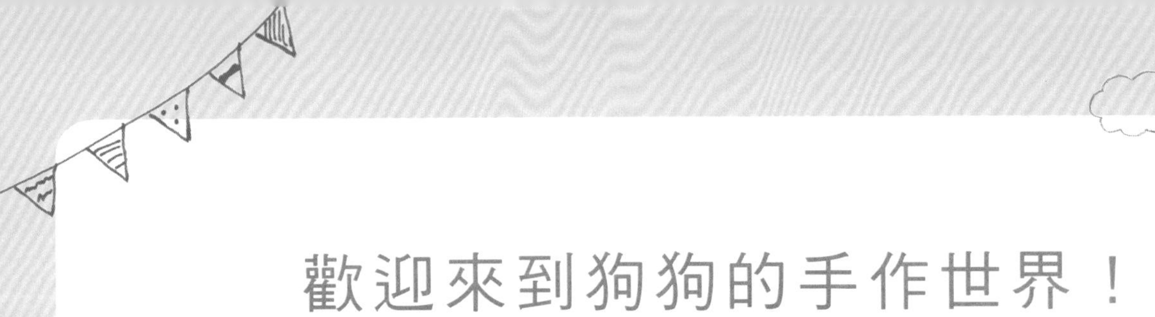

歡迎來到狗狗的手作世界！

以貴賓狗、吉娃娃、小臘腸狗、博美狗、柴犬等五種人氣犬種為主題，一起來製作日常穿搭的服裝和小物吧！

連帽登山服、連身褲、高領坦克背心等，還有可愛的玩具甜甜圈，托特包風格的CARRY BAG，飾品等小物……就算是不擅長縫紉的人，也能夠不使用縫紉機就完成喔！最心愛的毛小孩在妝點之下，不但變得更加可愛，就算將這些小物當成室內裝飾擺設，也非常有趣呢！

書中所有的紙型均含有縫份。縫份是在製作衣服過程當中重要的一環，也是有點困難的技術之一。所以含縫份的紙型，也讓你可以更輕鬆的製作！

而依照選擇的不同布料，還可以組合出更豐富的狗狗服裝喔！

作者介紹

武田 斗環 ● milla milla ● 日本寵物服手作協會代表理事

曾於生活用品品牌擔任設計師，之後與朋友一起創設狗狗服飾品牌。2009年懷孕後，成立milla milla狗狗紙型販賣店，在家中開發研究可簡單動手作的狗狗紙型，除了提供日本國內外60萬種以上的款式紙型，也促成日本100間以上均使用milla milla紙型的狗狗相關服飾品牌誕生。以主婦的喜好為研究目標，已成為狗狗服飾界中不可或缺的存在。2014年成立日本寵物服手作協會，致力於培養相關講師。著有《自己作狗狗服》（寶島社）、《時髦又簡單！手作DOG WEAR》（Boutique社）。

我 家 毛 小 孩 超 可 愛 ！

自己作23款狗狗服 & 可愛小物

武田斗環◎著

狗狗尺寸表

本書刊載的服裝，依照玩具型貴賓狗、吉娃娃、小臘腸狗、博美狗、柴犬等標準尺寸製作而成，請參考下方尺寸表選擇服裝款式。紙型的調整也很輕鬆，請先對照研究一下。

犬種	頸圍	胸圍	背部長度	體重	同尺寸的犬種
玩具型貴賓狗	18至22cm	35至40cm	35至38cm	3至4kg	小臘腸狗（無袖服裝款式）・博美狗・西施犬等
吉娃娃	15至19cm	30至35cm	25至30cm	2至3kg	約克夏・小杜賓狗・博美狗・瑪爾濟斯・玩具型貴賓狗等
小臘腸狗	22至26cm	40至45cm	35至38cm	4至6kg	小臘腸狗・貴賓狗・小雪納瑞等
博美狗	18至22cm	35至40cm	25至30cm	3至4kg	小杜賓狗・蝴蝶犬・瑪爾濟斯等
柴犬	31至35cm	54至59cm	35至40cm	9至12kg	米格魯・查理士小獵犬・粗毛獵狐梗犬・美國可卡獵犬・英國可卡獵犬等

Contents

Chapter 1 可愛的狗狗穿搭

Chapter 2 基本的知識

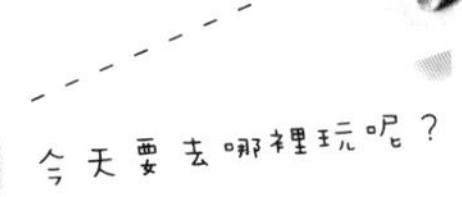
今天要去哪裡玩呢？

Chapter 3 製作方法

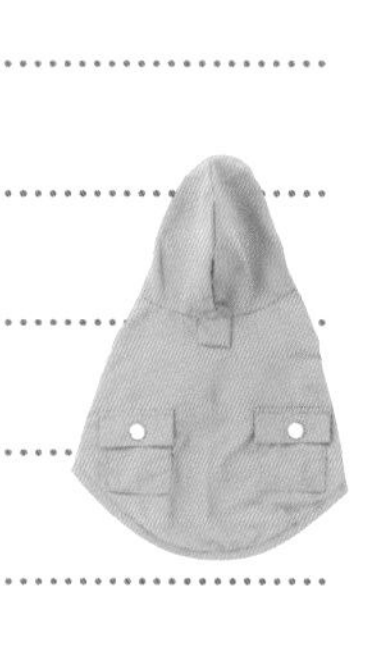

CHAPTER
1

可愛的狗狗穿搭

本書依照五種人氣狗狗種類，來設計服裝和各種可愛的小物。服裝也適合不同種類的狗狗搭配，請參考圖片，來尋找最適合自己愛犬，並搭配小物，搭出最獨特的造型吧！

Dog breed

玩具型貴賓狗

TOY POODLE

貴賓狗最大特徵就是可愛的捲毛。適合各種造型的體型，一起來享受換穿搭配的樂趣吧！

模特兒犬種

玩具型貴賓狗・西施犬・瑪爾濟斯MIX
※身形同玩具貴賓的狗狗們均可穿著。

俏皮的小女生感覺

拼布連身裙

PATCHWORK ONE PIECE

充滿女孩氣息的可愛連身裙。裙子部分以拼布設計，也增添了休閒感。

可露米

汪！

重點建議

上下剪接的連身裙，以冷暖色混搭，讓比例更加好看。異素材的拼布設計也非常有趣。

製作方法
HOW TO MAKE
P52

如何？
我是不是很可愛呢？
卡琳
款式變化
VARIATION

兩側加入
剪接設計

無袖罩衫

SLEEVELESS PARKA

方便活動的無袖罩衫，非常適合好動愛玩的狗狗們！連帽造型還可以修飾臉形，可愛度更提高！

汪！

重點建議

連帽的裡布和兩側剪接布相同，看起來更有整體感。請依照狗狗的毛色，來選擇布料顏色吧！

製作方法
HOW TO MAKE
P55

穿起來
好溫暖喔！
波奇
款式變化
VARIATION

馬龍

調皮可愛風

連身褲

SALOPETTE

連身褲的款式可以展現狗狗活潑、充滿元氣的魅力。從身體至四肢均有鬆緊帶設計，很方便活動玩耍！

製作方法
HOW TO MAKE
P57

是不是
很適合我呢？

款式變化
VARIATION

汪！

重點建議

肩繩的長度，若太長會妨礙活動，太短又顯得窘迫，請配合狗狗的尺寸來調整吧！

3 種帽子

頭飾

HAIR ACCESSORY

以髮夾固定的可愛帽子，最適合個性古靈精怪的狗狗。請在三種款式中挑出最適合自己愛犬的款式吧！

鏘鏘！

製作方法
HOW TO MAKE
P83

汪！

重點建議

不需要使用縫紉機，搭配布料專用黏著劑即可製作。作法很簡單，請挑戰看看吧！

好暖和喔！

汪！

重點建議

如果改用防水素材，下雨天也可輕鬆外出散步了。除了玩具貴賓狗，其他種類的狗狗也適用喔！

可使用各種素材

腳套

LEG COVER

腳套可以避免弄髒四肢，也可以禦寒，對於狗狗來說是非常實用的單品！也可以讓行動不便的狗狗，避免摩擦受傷喔！

製作方法 HOW TO MAKE P85

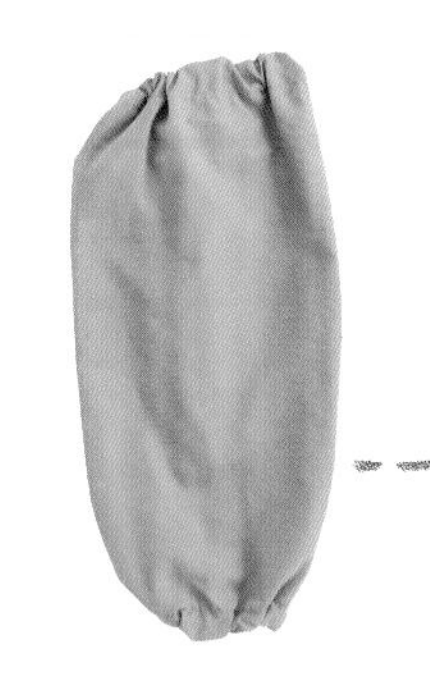

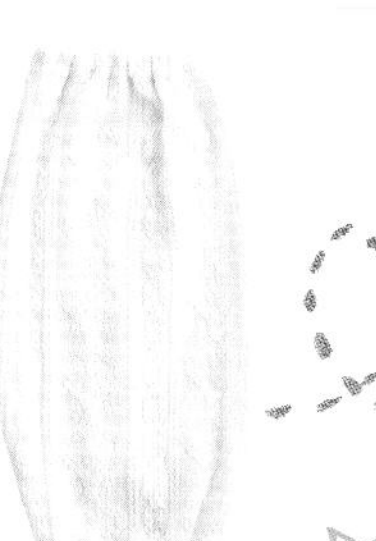

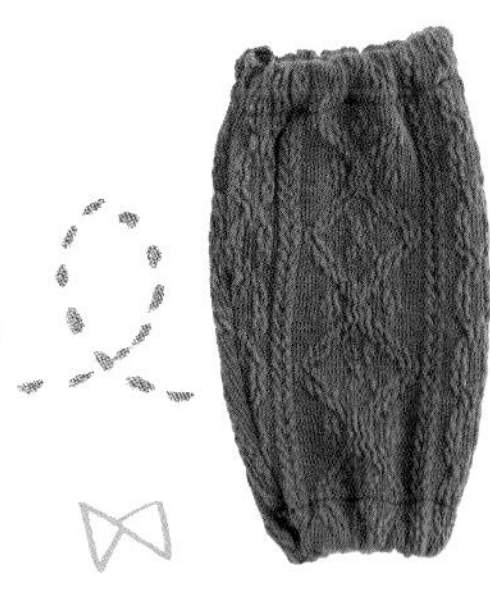

Dog breed

吉娃娃

CHIHUAHUA

身形嬌小卻元氣滿點的吉娃娃，製作時不只考慮到時尚度、還有活動便利度和機能性喔！

模特兒犬種

長毛吉娃娃・約克夏・蝴蝶犬
※身形同吉娃娃的狗狗們均可穿著。

背面有
蝴蝶結設計

連身裙

ONE PIECE

無袖連身裙背面的蝴蝶結設計非常可愛。背面加上釦子，讓穿脫更便利。

製作方法 HOW TO MAKE P60

莉莉

汪！
重點建議

夏天使用棉質、冬天改用羊毛布。根據季節的變化，來選擇不同材質布料吧！

由衣

款式變化
VARIATION

小胖

下雨天
也不用擔心！

連帽登山服

MOUNTAIN PARKA

連帽登山服非常適合調皮、活力滿點的狗狗。休閒風的服裝，即使在下雨天也不用擔心，可以盡情玩耍！

製作方法
HOW TO MAKE
P63

愛蜜莉＆瑪莉琳

下雨天
也沒問題！

款式變化
VARIATION

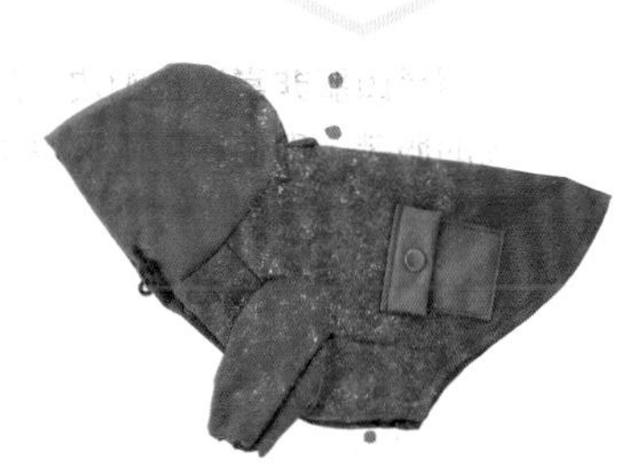

汪！
重點建議

推薦使用防水布料，雨天時也可以外出散步，清理弄髒的部分也很輕鬆！

歐莉芙

很可愛喔！

蝴蝶結坦克背心

RIBBON TANK TOP

以蝴蝶結綁帶的坦克背心，穿脫非常簡單。沒有任何拘束感的坦克背心，奔跑時也沒有問題！

製作方法 HOW TO MAKE P66

肚子好餓喔……
款式變化
VARIATION

汪！

重點建議

選擇簡單的款式設計，突顯背面的標章設計，顯現出時尚感♪

小花&塔羅
可以在這裡
睡覺覺嗎？

柔軟又舒適

狗狗床墊

BED

內側塞滿軟軟棉花的舒適床墊！一針一針的將對愛犬的心意全部縫製進去！

製作方法
HOW TO MAKE
P86

汪！

重點建議

床墊中間的抱枕是以短毛布和亞麻布兩面設計喔！要使用哪一面，真令人煩惱呢！

我在這裡！

連狗狗
也裝得進去

製作方法
HOW TO MAKE
P88

CARRY BAG

可以裝入小型犬的CARRY BAG，一起移動時很方便！兩側的口袋可以收納毛巾或綁繩等小物，非常便利。

汪！
重點建議

為了避免愛犬不小心跳出來，請使用安全鉤環，若繫上頸圈更是安心♪

Dog breed

小臘腸狗

MINIATURE DACHSHUND

身體長長的、四肢短短的小臘腸狗，肚子特別容易感到寒冷，為愛犬親手作一件保暖的可愛服裝吧！

模特兒犬種

小臘腸狗・小雪納瑞
※身形同小臘腸狗的狗狗們均可穿著。

都會時尚感

高領坦克背心

HIGH-NECKED TANKTOP

擁有高雅氣質的小臘腸狗，非常適合穿上高領款式。為了避免妨礙走路，採用了無袖的設計。

製作方法
HOW TO MAKE
P68

小貝

汪！

重點建議

高領開口處縫有可伸縮的繩釦，穿著時請自由調整鬆緊。

小天
高領款式
可以變化成像
連帽般的造型，
也非常帥氣喔！
款式變化
VARIATION
叫我嗎？

製作方法
HOW TO MAKE
P70
穿著觸感很棒喔！
怎麼亂動都很舒服♪

活褶設計上衣

TUCK CAMISOLE

背面有活褶設計的上衣，只要一件就很可愛的便利單品！

款式變化
VARIATION

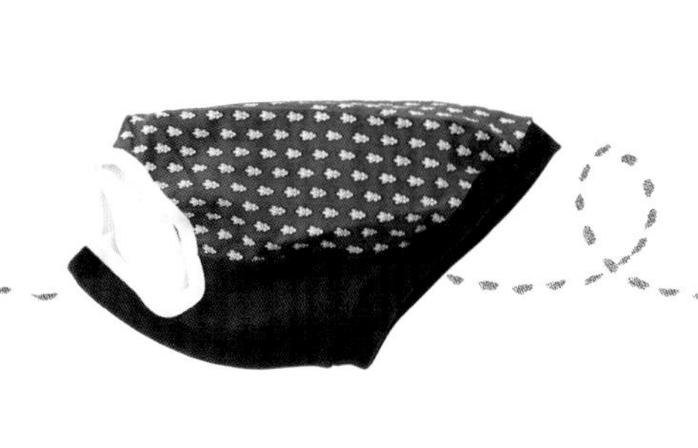

EARTH

汪！

重點建議

善用顏色和素材，讓簡單款式更加時尚有型。肩繩刻意選擇不同的色系來裝飾。

HISTOIRE DU THE
PARIS

美麗的花朵圖案

剪接設計背心

BACK SWITCHING TANKTOP

背面有剪接設計的坦克背心，簡單的款式搭配上印花布料，就能展現時尚感。

製作方法
HOW TO MAKE
P72

小雷
……。

款式變化

汪！

重點建議

如果背面的蝴蝶結採用不同布料，可能會很突兀，請使用與後片顏色、印花相同的布料製作。

正式的感覺

領結

BOW TIE

戴上領結，就顯得非常可愛！不論搭配無袖坦克背心、T恤穿搭都很好看喔！

製作方法
HOW TO MAKE
P52

汪！

重點建議

配合愛犬的頸圍長度製作，不論哪種狗狗都沒有問題喔！善用各種顏色和印花來作作看吧♪

請多多指教！

柔軟又舒適
的材質

毯子
BLANKET

親手作一條軟綿綿、毛絨絨的毯子！依照自己喜歡的大小，製作愛犬的專屬毛毯吧♪

製作方法 HOW TO MAKE P91

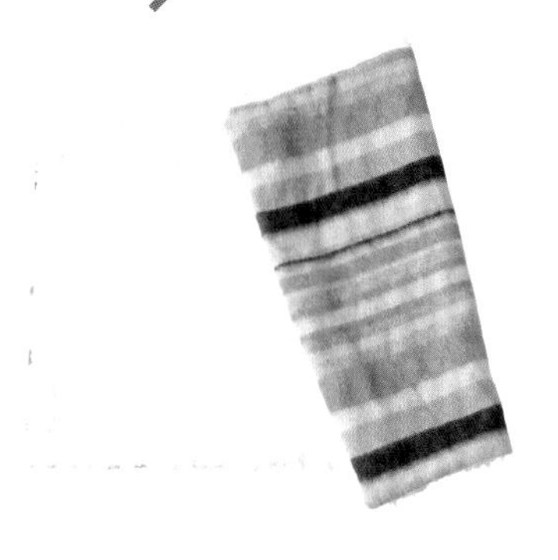

汪！
重點建議

毛絨絨的短毛布雖然摸起來很舒服，但法蘭絨的柔軟感覺，狗狗一定也很喜歡！

真的好
舒服喔……

Dog breed

博美狗

小小身軀卻有著蓬鬆毛髮的博美狗，不管是日常服或個性化的服裝都很適合。

模特兒犬種

博美狗・西施&瑪爾濟斯MIX・小雪納瑞
※身形同博美狗的狗狗們均可穿著。

穿起來
舒服又柔軟

工作服

SMOCK

可愛的燈籠造型工作服，搭配一身毛絨絨的博美剛剛好！布料顏色和印花，不論作成普普風或自然風都很可愛。

製作方法

HOW TO
MAKE
P74

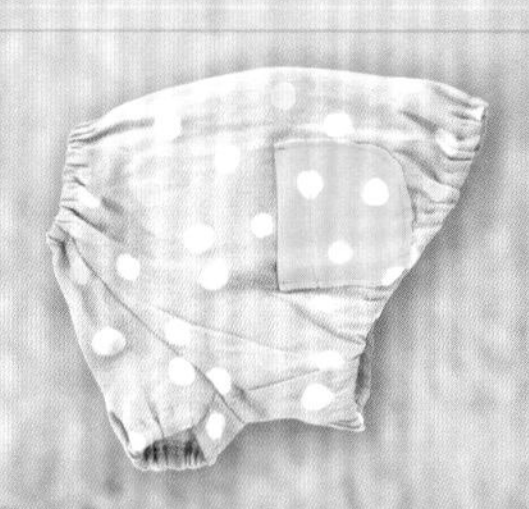

小樂

汪！

重點建議

避免限制住圓滾滾的四肢和身體，可使用鬆緊帶調節適當大小。

我是不是
很可愛呢♪
花音
款　變化

異素材MIX

剪接T恤

SWITCHING T-SHIRT

方便活動的T恤觸感很舒服！只要在剪接部分改變素材或圖案，就能增添手作個性魅力喔！

製作方法
HOW TO MAKE
P76

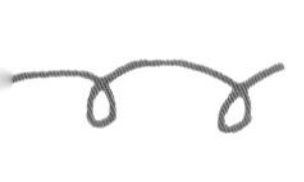

背影殺手
就是我吧？

款式變化
VARIATION

汪！

重點建議

同色系的剪接布片給人穩重的感覺，統一的色系突顯出活潑的氛圍。

甜甜圈造型

玩具

TOY

普普風色系可愛的甜甜圈玩具。圓圓的形狀，讓狗狗可以叼起來到處玩耍。

製作方法
HOW TO MAKE
P92

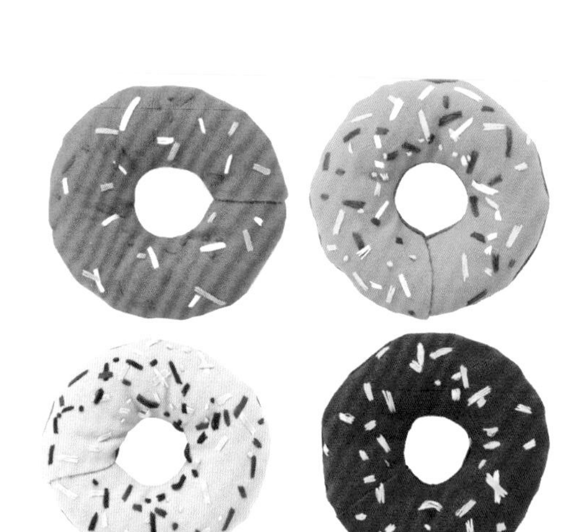

找到我最愛的顏色了！

汪！

重點建議

甜甜圈表面，加上了不同顏色和長度的裝飾線，不規則排列的感覺很可愛！

防水素材

廁所墊

TOILET SEAT MAT

日常生活不可或缺的廁所，可配合房間的氛圍選擇布料。狗狗專用的尿墊，外出時也很方便喔♪

可愛的廁所，
我超喜歡♪

製作方法
HOW TO MAKE
P93

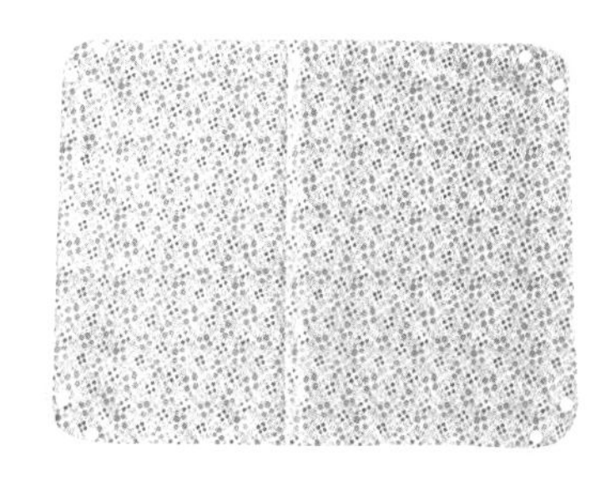

汪！

重點建議

為了喜愛乾淨的狗狗們，請選擇可以擦拭、保持清潔的素材，並記得要常常清掃喔！

Dog breed

柴犬

SHIBA

親切和藹的表情，擁有日式高尚氣質的柴犬，搭配上沉穩色系的服裝，更增添聰慧的一面！

模特兒犬種

柴犬・吉娃娃・雪納瑞
※身形同柴犬的狗狗們均可穿著。

休閒運動
風格的

長袖T恤

LONG-SLEEVED T-SHIRT

休閒風的長袖T恤，各種場合都很百搭。後袖側還有很時尚的補丁設計喔！

製作方法 HOW TO MAKE P78

小花

汪！

重點建議

擁有結實身體的柴犬，建議選擇舒適且具伸縮性的布料。

款式變化
今天要去
哪裡玩呢？

哈奇

剪接的
羅紋布

罩衫

BLOUSON

帥氣的罩衫也是防寒穿搭的好選擇。為了表現狗狗好動的個性，可以選擇具有野趣、戶外風的布料顏色和素材。

製作方法
HOW TO MAKE
P80

是不是
很帥氣啊？

汪！

重點建議

將羅紋布當成裝飾的重點時，要特別講究主要布料和羅紋顏色的組合喔！

款式變化
VARIATION

武藏

附有雨帽的功能

弄髒了也不必擔心喔！

製作方法 HOW TO MAKE P94

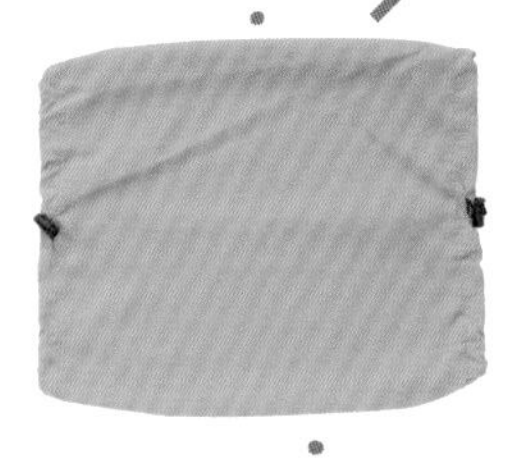

脖圍

NECK COVER

不但時尚、也重視保持耳朵清潔的脖圍。可以完全覆蓋頭部，展現另一種萌萌的感覺。

汪！

重點建議

使用防水布料製作，只要另外搭配上雨衣，下雨天也可以輕鬆的外出散步！若使用針織布來製作，還可以禦寒喔！

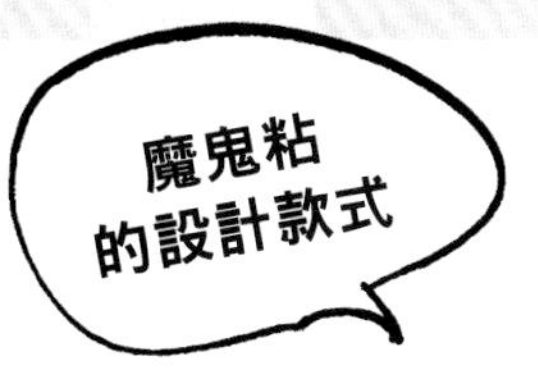
魔鬼粘
的設計款式

步行輔助帶

WALKING FOR AUXILIARY BELT

具有時尚感的步行輔助帶，讓散步的心情更顯輕鬆。隱約可見的裡布，可以發現主人的用心喔！

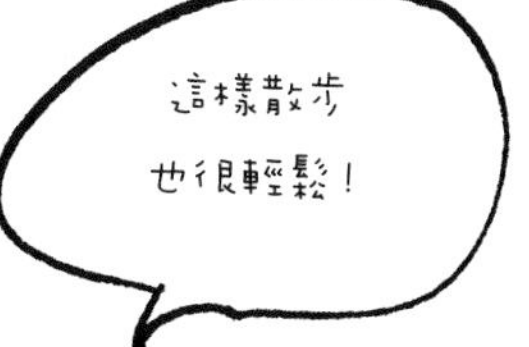
這樣散步
也很輕鬆！

製作方法
HOW TO MAKE
P95

汪！

重點建議

為了安全及方便行走，在縫製提把前，請仔細測量需要的長度。

CHAPTER
2

製作時的基礎知識

不論是有經驗或初入門者，

都請再次仔細確認，製作時的基本知識。

專門用語&記號規則

合印記號	縫合兩片以上布料時，為防止錯位，在布料上標註的記號。
前片	穿著衣服時，腹部的一側。
後片	穿著衣服時，背部的一側。
回針縫	始縫和止縫處為防止線端鬆脫，約折返2至3針。請按壓回針縫按鈕或把手進行回針縫。
疏縫	為了縫紉時可以正確縫合，預先使用疏縫線以手縫固定。車縫完後需拆掉疏縫線。
黏著襯	可補強布料的堅固度，以熨斗熨燙附有黏著劑的素材，貼在布料背面。
正面相對疊合	兩片布料疊合時，正面與正面重疊。
背面相對	兩片布料疊合時，背面與背面重疊。
四合釦&暗釦	有分凹凸面的釦子，只需要輕鬆按壓就可釦上。
斜布條	使用斜布紋裁剪，45°稱為正斜布條。搭配斜布條可防止布邊綻布。
布紋線	與布邊平行的直布紋。
羅紋	運動衣或套頭上衣的袖口、下襬等處常使用的一種素材。
摺雙	布料摺疊時在對稱摺疊處的部分。

記號	說明
布紋線	與布邊平行的直布紋。
完成線	實際作品完成的輪廓線。
縫份線	布料裁剪線。
裝飾線	布料表面壓線的部位。
摺雙	布料摺疊時在對稱摺疊處所作的記號。
合印記號	縫合兩片以上布料時標註的記號。
褶線	表示布料摺疊位置。
釦子・鉚釘	釦子、鉚釘的縫製位置。

使用工具

在製作愛犬的服飾及小物之前，請準備好製作紙型、縫紉必備的工具和材料。

製作紙型&測量尺寸的工具

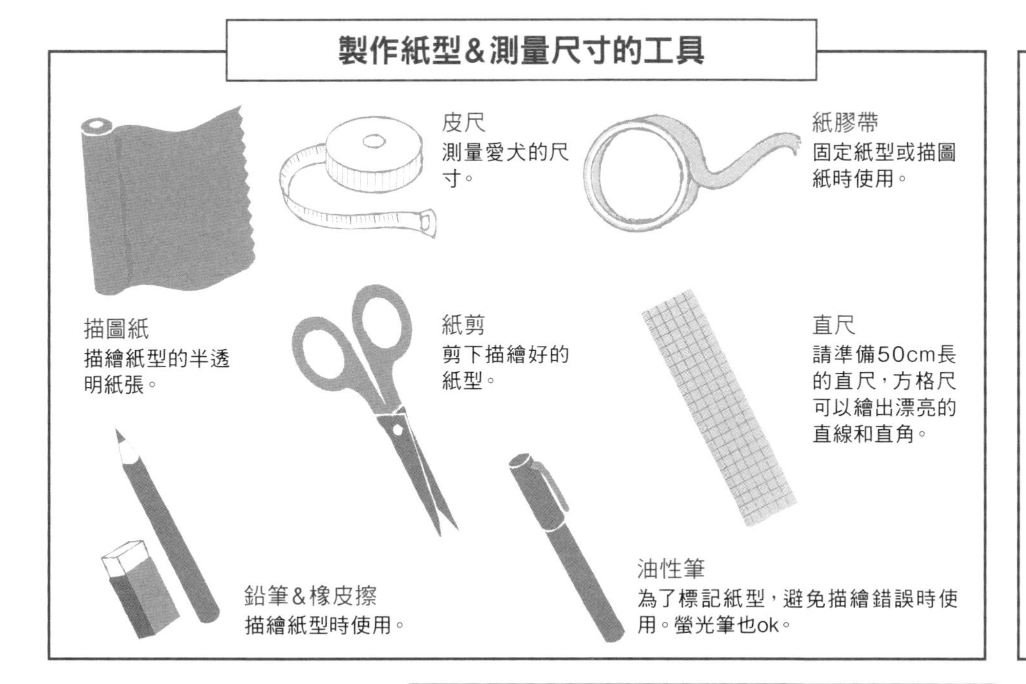

皮尺
測量愛犬的尺寸。

紙膠帶
固定紙型或描圖紙時使用。

描圖紙
描繪紙型的半透明紙張。

紙剪
剪下描繪好的紙型。

直尺
請準備50cm長的直尺，方格尺可以繪出漂亮的直線和直角。

鉛筆&橡皮擦
描繪紙型時使用。

油性筆
為了標記紙型，避免描繪錯誤時使用。螢光筆也ok。

作記號&裁剪的工具

消失筆
在布料上作記號的筆。

布剪
裁剪布料時的專用剪刀，若用於剪紙會造成布剪損傷。

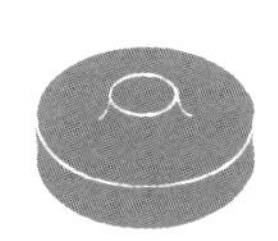

文鎮
將紙型固定在布料上。

縫紉必備工具

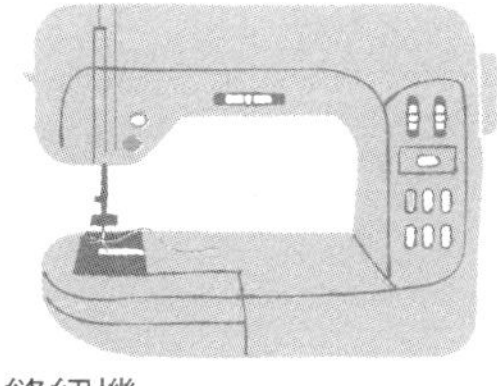

縫紉機
車縫直線或曲線。

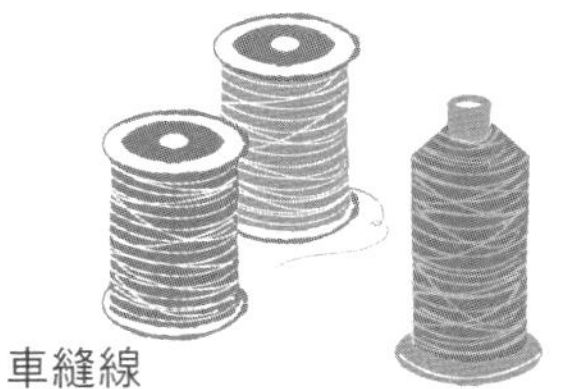

車縫線
車縫針織布時，須搭配針織布專用車縫線。

手縫針
藏針縫或縫釦子時使用。

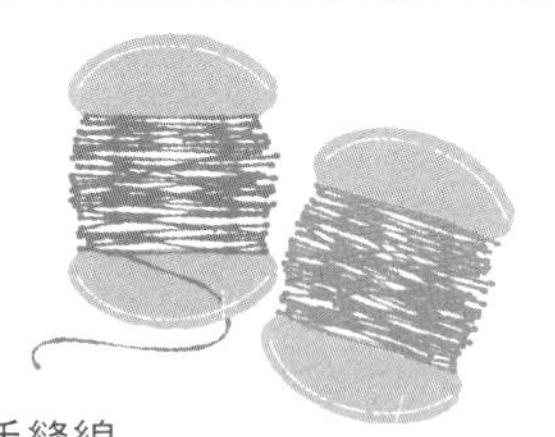

手縫線
縫釦子時使用。

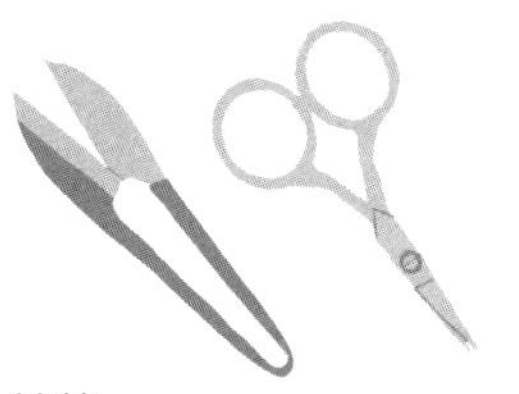

紗剪
剪斷縫線的小剪刀。

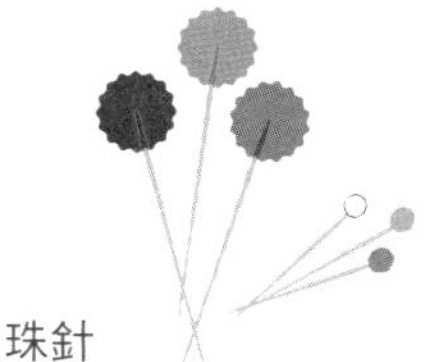

珠針
縫合布料時用於固定，避免布片滑動。

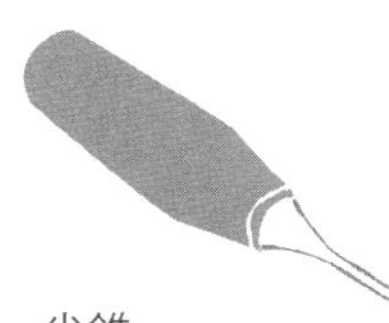

尖錐
機縫時輔助布料移動。

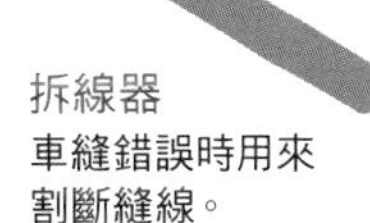

拆線器
車縫錯誤時用來割斷縫線。

熨斗&熨燙墊
整理縫份、熨燙布料時不可或缺的工具。

選擇布料

使用
方便活動
的布料

重視機能性
選擇有伸縮性的針織材質，方便狗狗輕鬆穿脫。另外也要注重活動機能。

依自己
的喜好
選擇正面

布料的正反面
依自己喜好來選擇即可。如果無法決定時，可依以下三點來判斷是否為正面。圖案較明顯、觸感較光滑、針織編織目較明顯的一面為正面。

尺寸的測量

和我們穿衣服一樣，狗狗服裝的尺寸也非常重要。為了製作合身的衣服並方便活動，請一定要仔細的進行測量。

◎測量尺寸

1 正確測量尺寸重點，必須確認以下三個部位

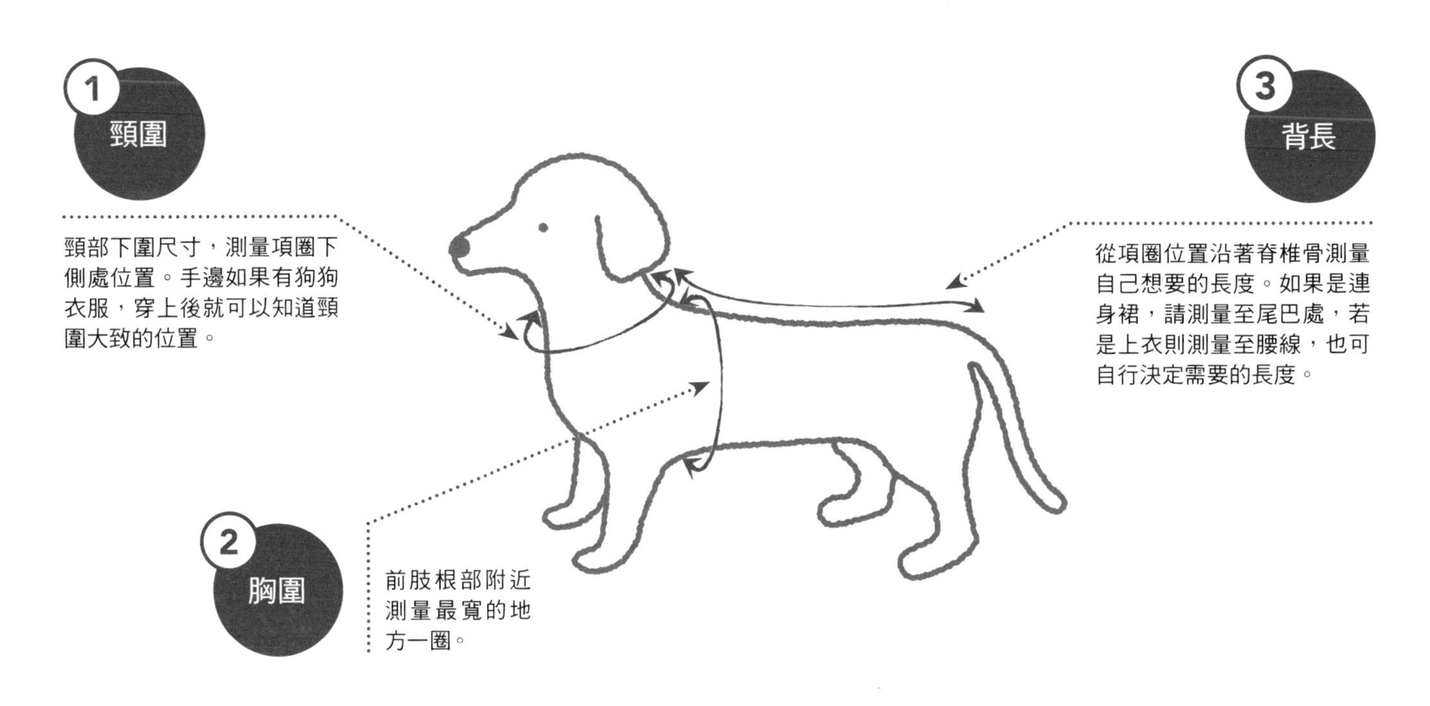

1 頸圍
頸部下圍尺寸，測量項圈下側處位置。手邊如果有狗狗衣服，穿上後就可以知道頸圍大致的位置。
3 背長
從項圈位置沿著脊椎骨測量自己想要的長度。如果是連身裙，請測量至尾巴處，若是上衣則測量至腰線，也可自行決定需要的長度。
2 胸圍
前肢根部附近測量最寬的地方一圈。

2 加入活動的鬆份

準確測量尺寸之後，為舒適且方便活動，必須添加活動鬆份。

針織布的服裝
胸圍
+約2至3cm
頸圍
+約2cm
其他素材的服裝
胸圍
+約4至5cm
頸圍
+約2至3cm
因為沒有肩膀，所以頸圍活動分量不需要很多，不然衣服會下垂不合身。
針織布素材因為有伸縮性，所以比起其他素材需要的寬鬆份更少。

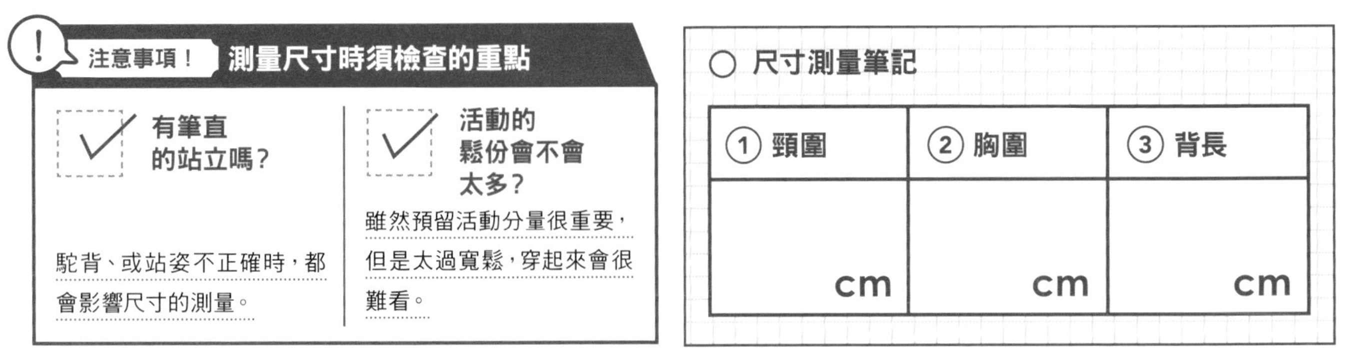

注意事項！ 測量尺寸時須檢查的重點

- **有筆直的站立嗎？**
  駝背、或站姿不正確時，都會影響尺寸的測量。
- **活動的鬆份會不會太多？**
  雖然預留活動分量很重要，但是太過寬鬆，穿起來會很難看。

○ 尺寸測量筆記

① 頸圍	② 胸圍	③ 背長
cm	cm	cm

紙型使用方法

選擇想要的款式，描繪原寸紙型，製作出紙型。

◎ 描繪紙型

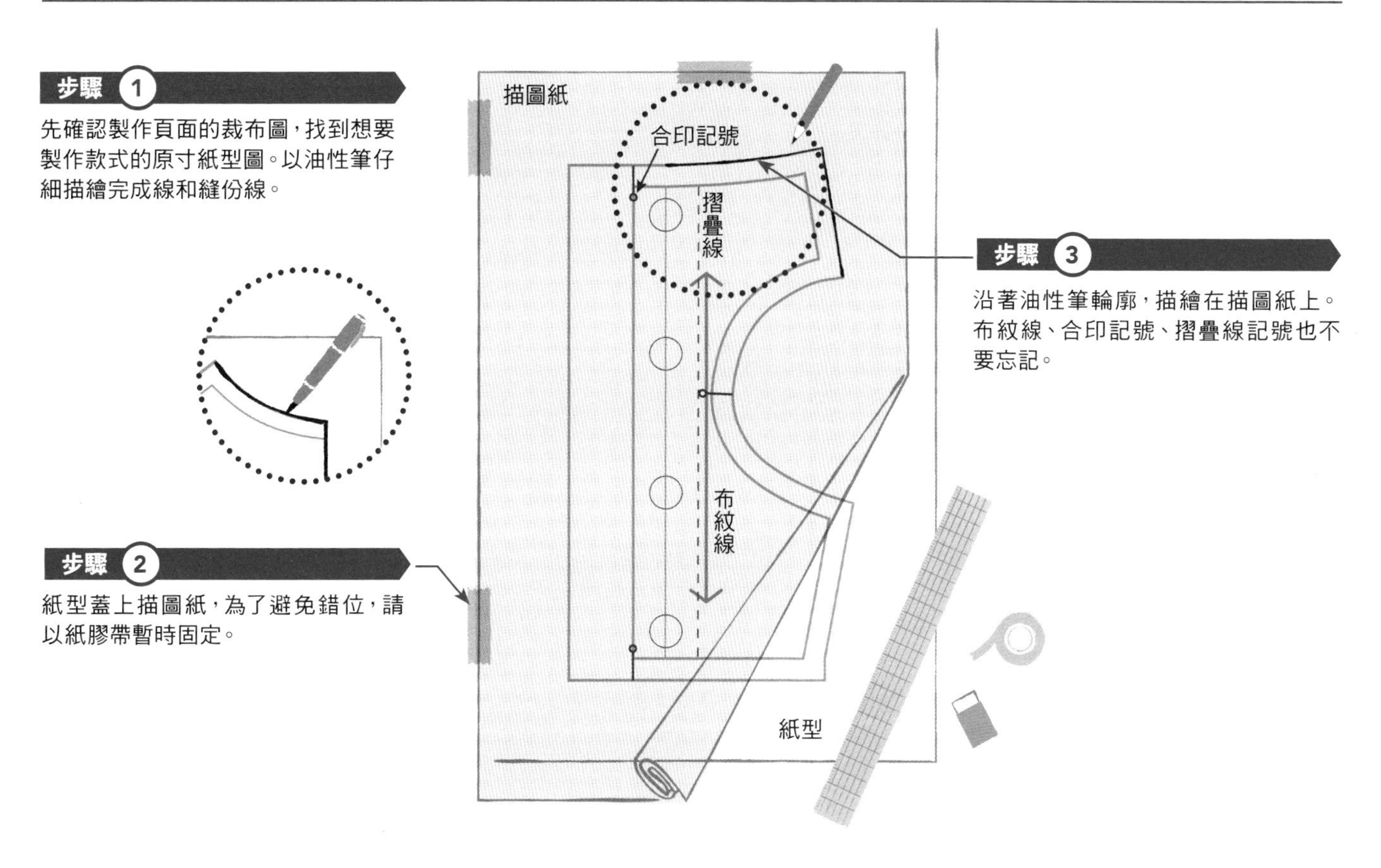

描圖紙
合印記號
摺疊線
布紋線
紙型

步驟 1

先確認製作頁面的裁布圖，找到想要製作款式的原寸紙型圖。以油性筆仔細描繪完成線和縫份線。

步驟 2

紙型蓋上描圖紙，為了避免錯位，請以紙膠帶暫時固定。

步驟 3

沿著油性筆輪廓，描繪在描圖紙上。布紋線、合印記號、摺疊線記號也不要忘記。

◎沿著紙型裁剪布料

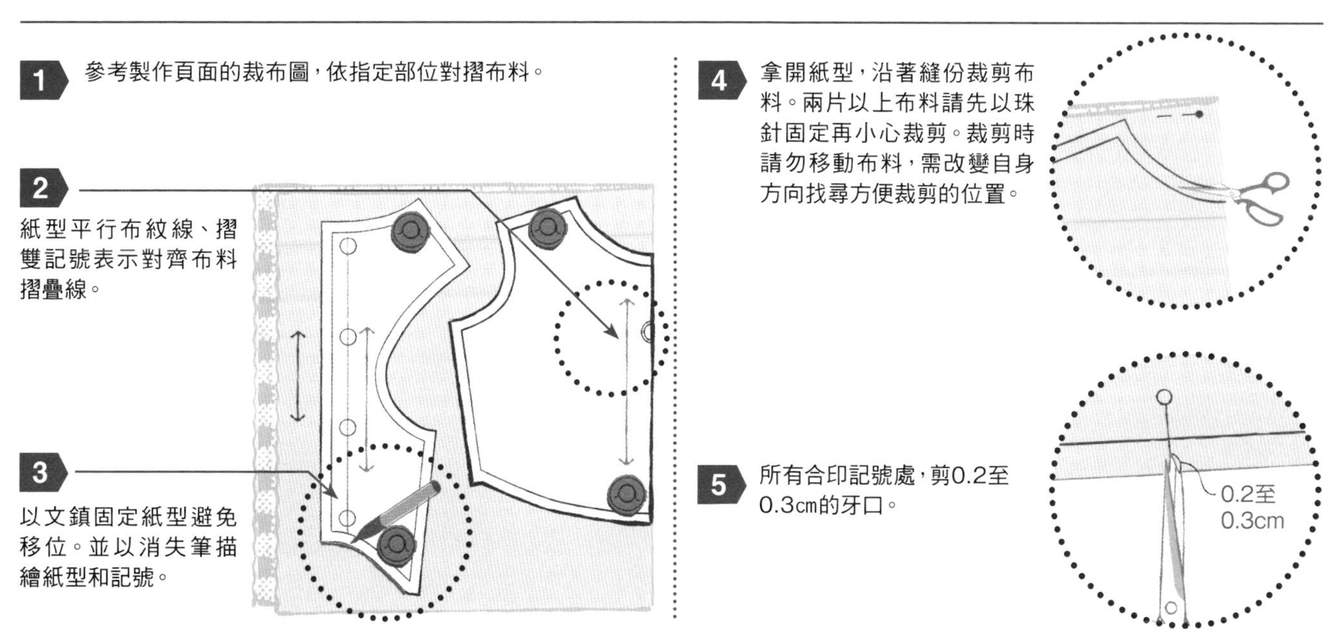

0.2至
0.3cm

1 參考製作頁面的裁布圖，依指定部位對摺布料。

2 紙型平行布紋線、摺雙記號表示對齊布料摺疊線。

3 以文鎮固定紙型避免移位。並以消失筆描繪紙型和記號。

4 拿開紙型，沿著縫份裁剪布料。兩片以上布料請先以珠針固定再小心裁剪。裁剪時請勿移動布料，需改變自身方向找尋方便裁剪的位置。

5 所有合印記號處，剪0.2至0.3cm的牙口。

調整紙型

P.1的尺寸表和狗狗的尺寸不合時，請調整紙型尺寸。「頸圍」・「胸圍」・「背長」，都可自行調整成需要的尺寸。

〔 調節背長 〕

◎增加長度時

範例 增長5cm

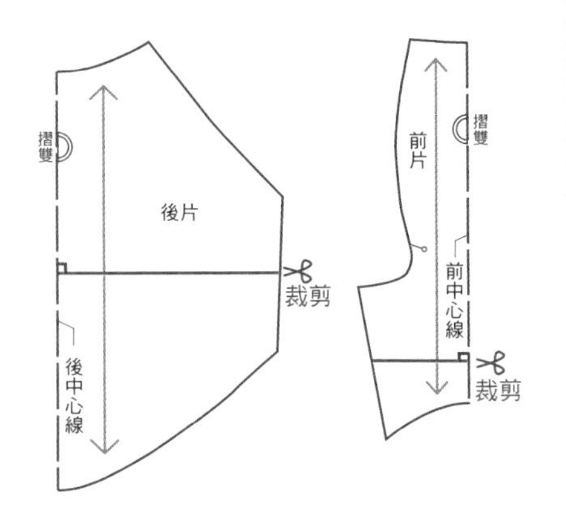

摺雙
後片
裁剪
後中心線
前片
摺雙
前中心線
裁剪

1 從脇線至前／後中心線描繪直角直線，裁剪分為上下部分。

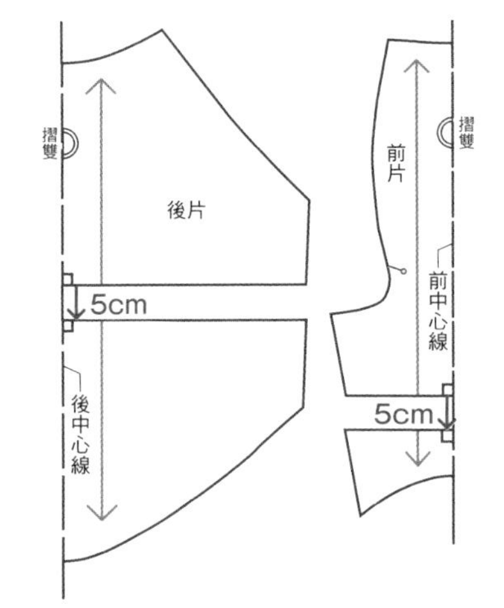

摺雙
後片
5cm
後中心線
前片
摺雙
前中心線
5cm

2 增加5cm，紙型下側部位往下移動5cm。

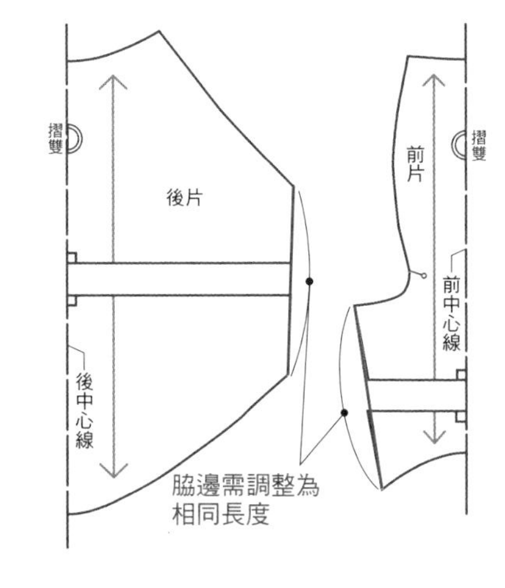

摺雙
後片
後中心線
前片
摺雙
前中心線
脇邊需調整為
相同長度

3 描繪新的脇邊線。

◎縮減長度時

範例 縮減3cm

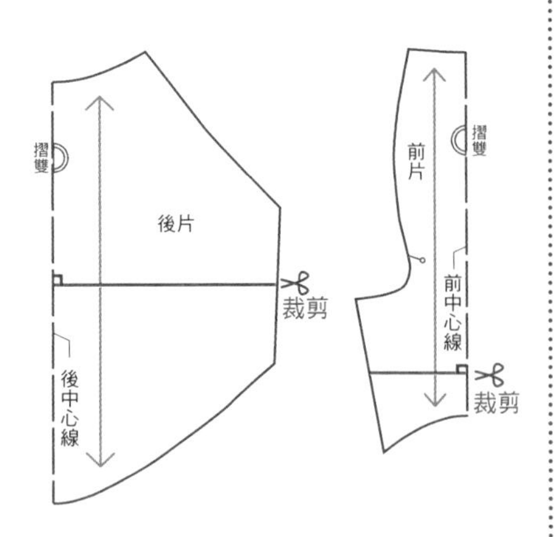

摺雙
後片
裁剪
後中心線
前片
摺雙
前中心線
裁剪

1 從脇線至前／後中心線描繪直角直線，裁剪分為上下部分。

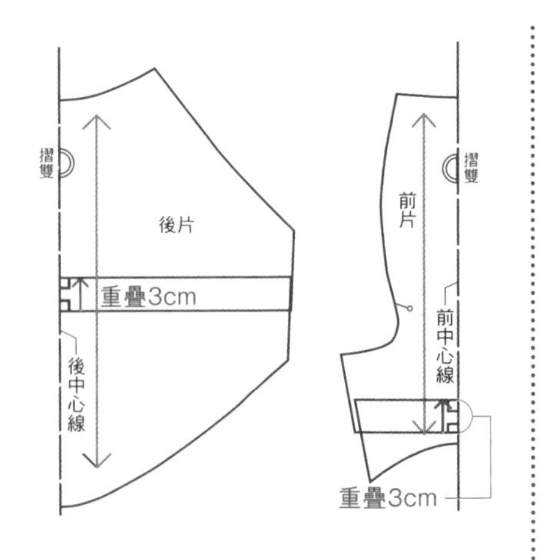

摺雙
後片
重疊3cm
後中心線
前片
摺雙
前中心線
重疊3cm

2 縮減3cm，紙型下半部往上3cm。

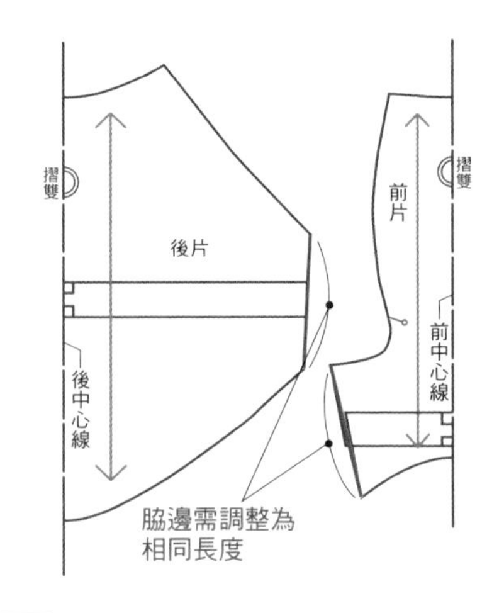

摺雙
後片
後中心線
前片
摺雙
前中心線
脇邊需調整為
相同長度

3 描繪新的脇邊線。

#〔 調節領圍尺寸 〕

◎增加領圍尺寸時

範例　增加2cm

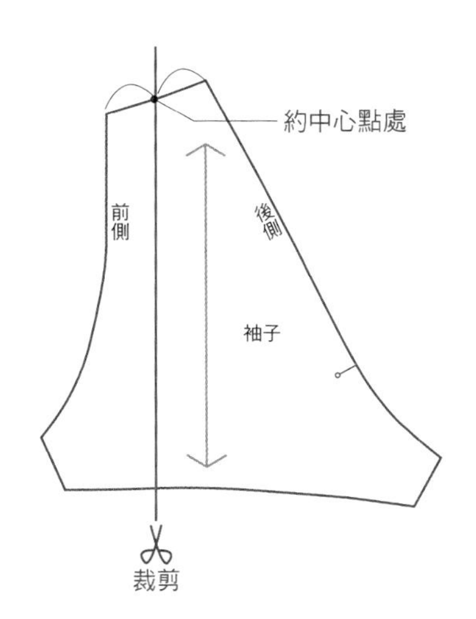

約中心點處
前側
後側
袖子
裁剪

1 在袖子紙型上畫上平行布紋的直線，裁剪分開紙型。

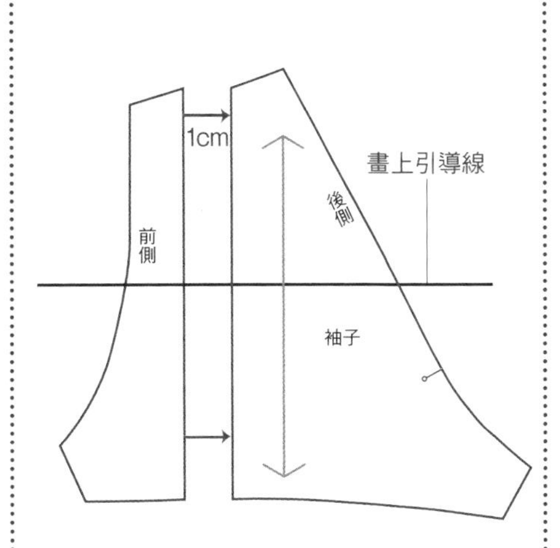

1cm
畫上引導線
前側
後側
袖子

2 整體加寬2cm。單邊加長1cm。紙型上畫上一條橫線，平行1cm處放上裁剪的紙型。

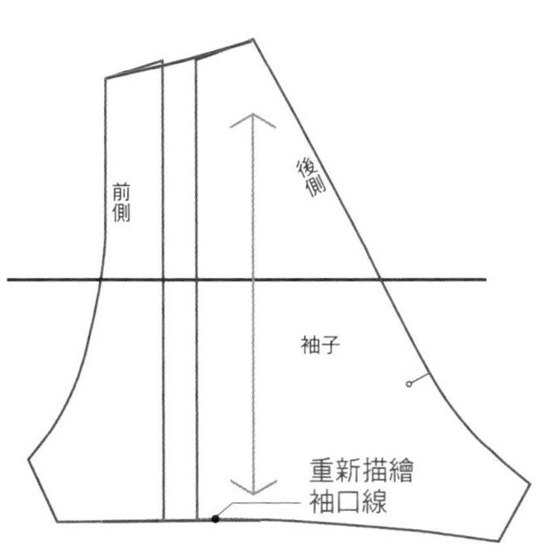

前側
後側
袖子
重新描繪
袖口線

3 重新描繪頸圍線。測量重新繪製的線，將紙型錯開約1cm。

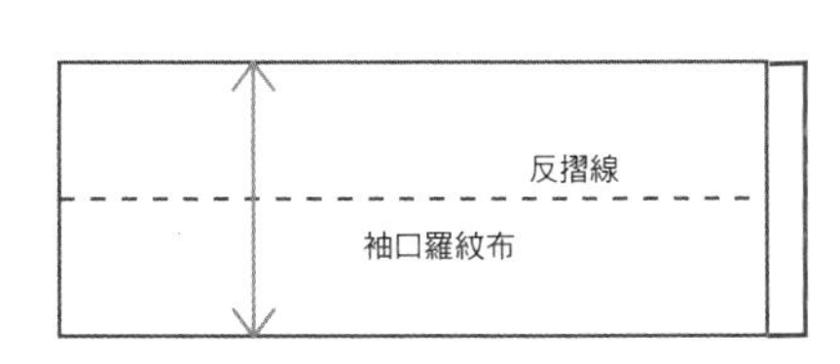

反摺線
袖口羅紋布

4 袖口長度改變了，袖口羅紋布也需要變更長度。袖口長度×0.8即為袖口羅紋布長度。

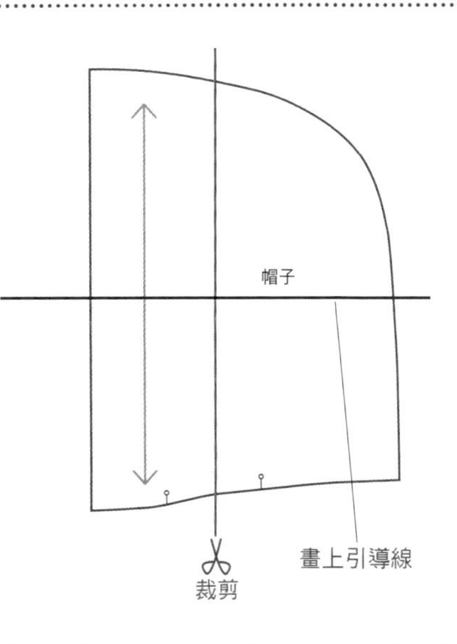

帽子
裁剪
畫上引導線

5 在帽子紙型上畫上平行布紋線的直線，同袖子作法裁剪分開紙型。

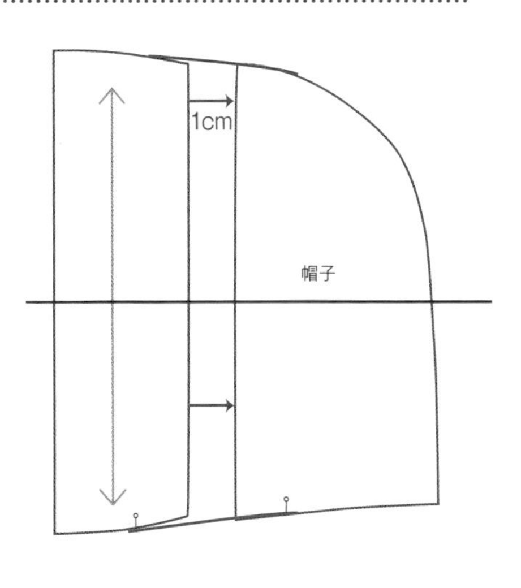

1cm
帽子

6 分開1cm，重新描繪直線。

〔 調節領圍尺寸 〕

◎縮減領圍尺寸時

範例 〉 縮減3.5cm

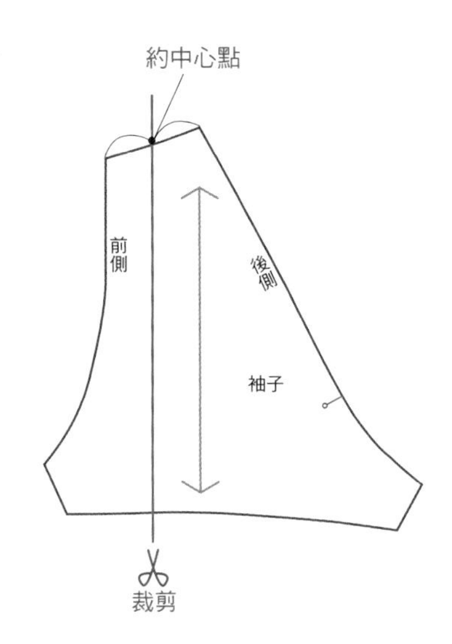

約中心點
前側
後側
袖子
裁剪

1 在袖子紙型上畫上平行布紋線的直線，裁剪分開紙型。

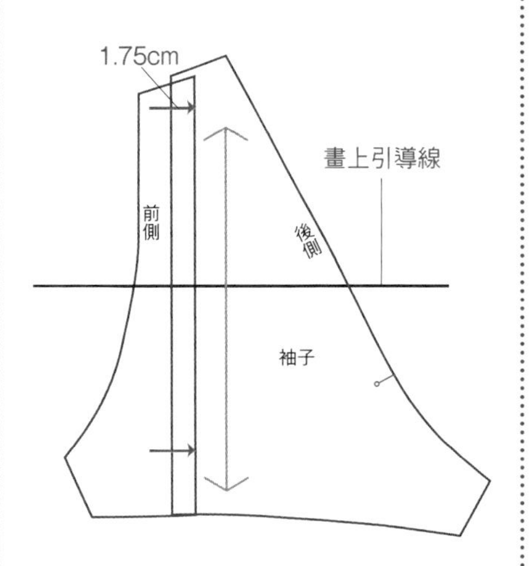

1.75cm
畫上引導線
前側
後側
袖子

2 整體縮減3.5cm。單邊縮減1.75cm。紙型上畫上一條橫線，重疊1.75cm放上裁剪的紙型。

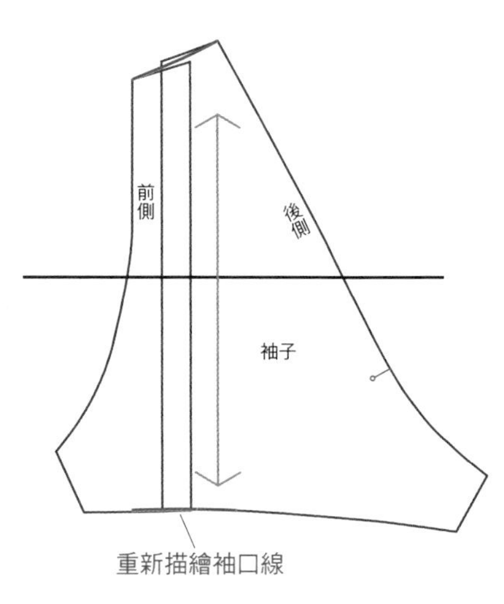

前側
後側
袖子
重新描繪袖口線

3 重新描繪頸圍線。測量重新繪製的線，重疊1.75cm處錯開紙型。

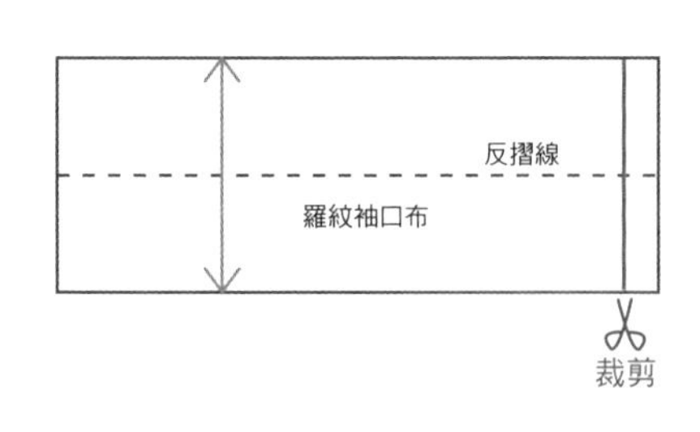

反摺線
羅紋袖口布
裁剪

4 袖口長度改變了，羅紋袖口布也需要變更長度。袖口長度×0.8即為羅紋袖口布長度。

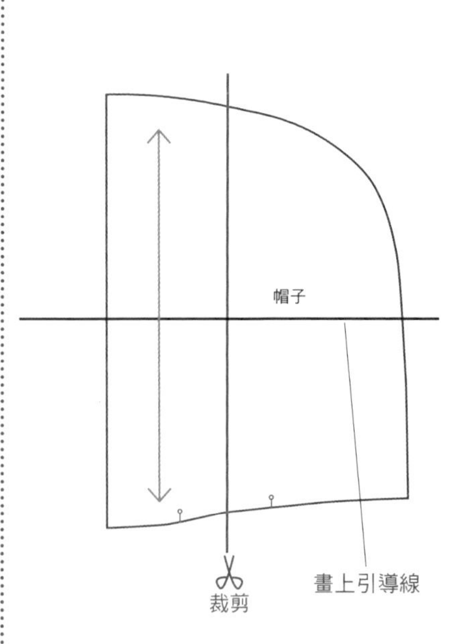

帽子
裁剪
畫上引導線

5 在帽子紙型上畫上平行布紋線的直線，同袖子作法裁剪分開紙型。

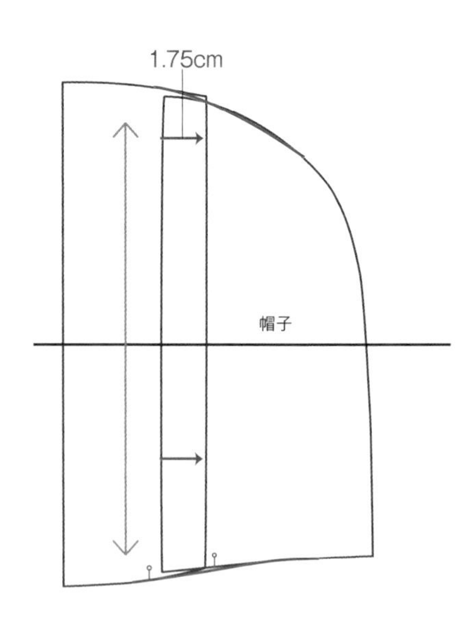

1.75cm
帽子

6 重疊1.75cm，重新描繪直線。

〔 調節胸圍尺寸 〕

◎增加胸圍尺寸時

範例 〉增加2cm

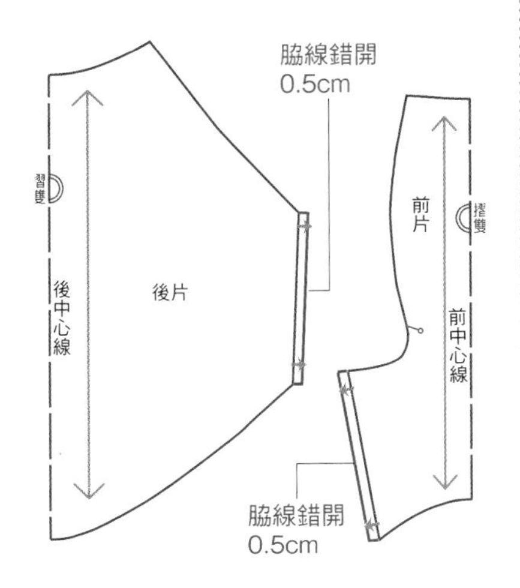

脇線錯開
0.5cm
前片
摺雙
前中心線
摺雙
後中心線
後片
脇線錯開
0.5cm

1 整體加寬2cm。1/4的前後片各增添0.5cm。

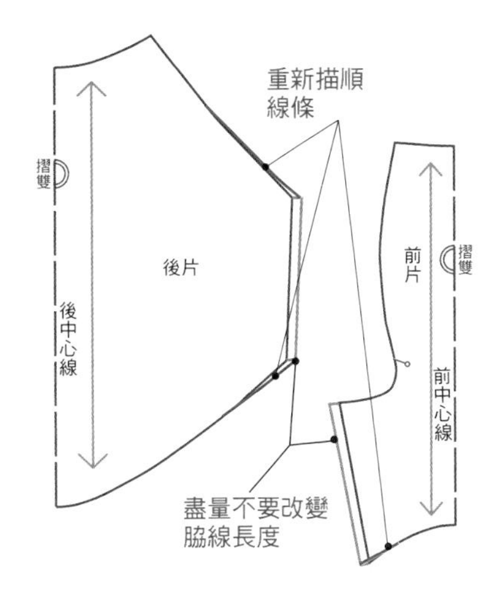

重新描順
線條
摺雙
後片
後中心線
前片
摺雙
前中心線
盡量不要改變
脇線長度

2 因為重新描繪脇線，所以沿著脇線、袖襱線至下襬線，均需重新修順。

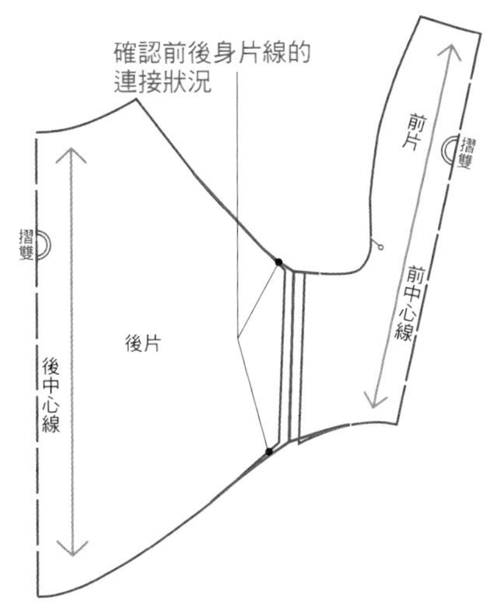

確認前後身片線的
連接狀況
前片
摺雙
摺雙
前中心線
後片
後中心線

3 對齊前後片新的脇邊線，確認下襬至袖襱線是否吻合。

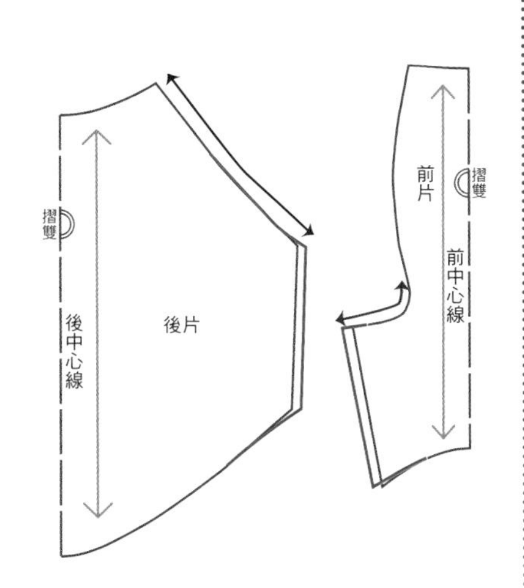

前片
摺雙
摺雙
後片
前中心線
後中心線

4 測量前後片袖襱線。

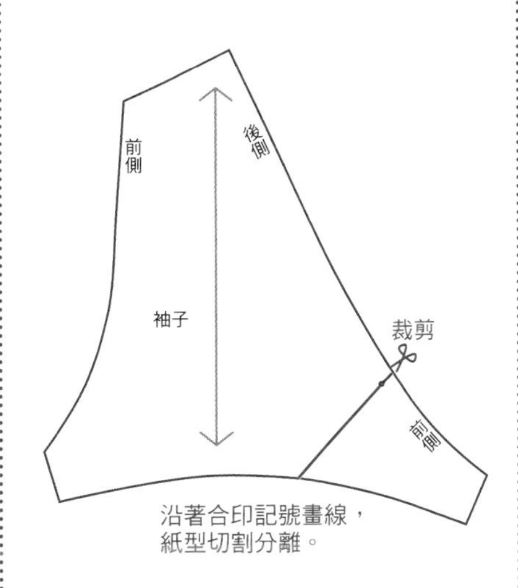

前側
後側
袖子
裁剪
前側
沿著合印記號畫線，
紙型切割分離。

5 依據**4**修正袖子的長度。沿袖子合印記號切割分離紙型。

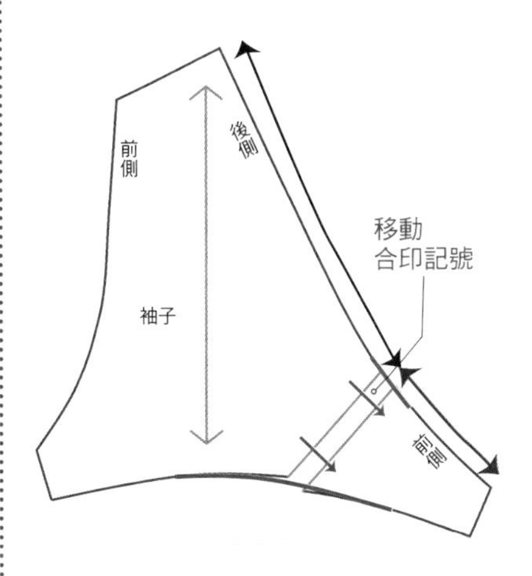

前側
後側
移動
合印記號
袖子
前側

6 依一定的長度分離切割的紙型，畫上新的連接線。

7 改變下襬羅紋布的長度。測量前後片下襬長度×0.8即為新的長度。

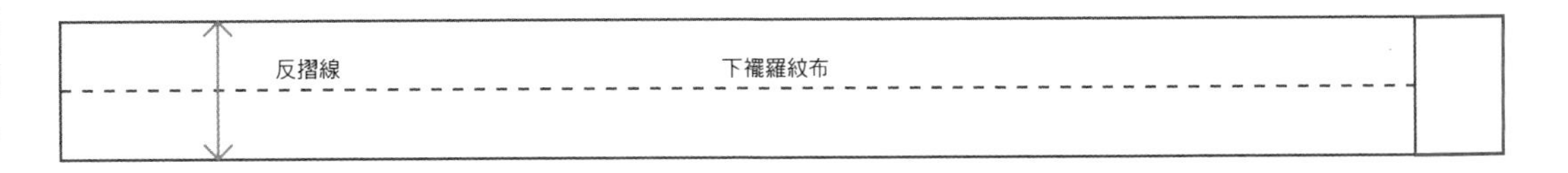

反摺線
下襬羅紋布

#〔 調節胸圍尺寸 〕

◎縮減胸圍尺寸時

範例 〉縮減3cm

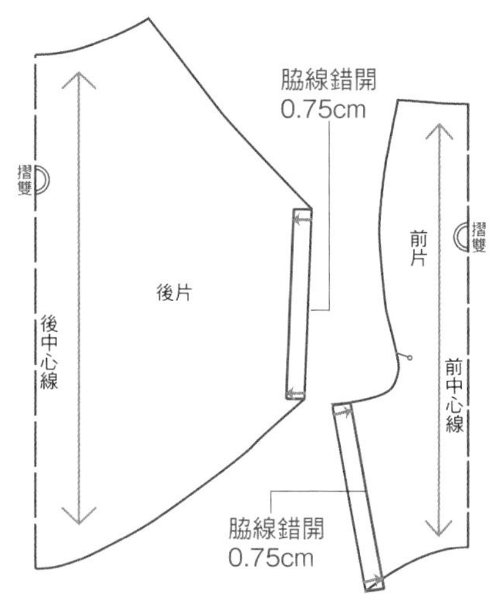

脇線錯開
0.75cm
摺雙
後片
後中心線
前片
摺雙
前中心線
脇線錯開
0.75cm

1 縮減3cm。1/4片的脇線各內移0.75cm。

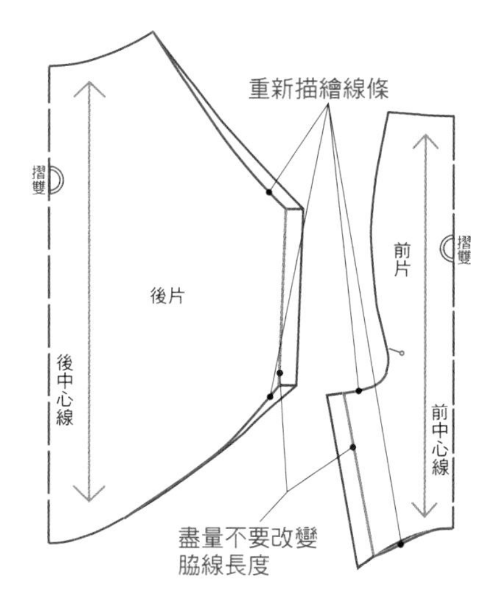

重新描繪線條
摺雙
後片
後中心線
前片
摺雙
前中心線
盡量不要改變
脇線長度

2 因為重新描繪脇線，所以重新修順脇線、袖襱線至下襬線。

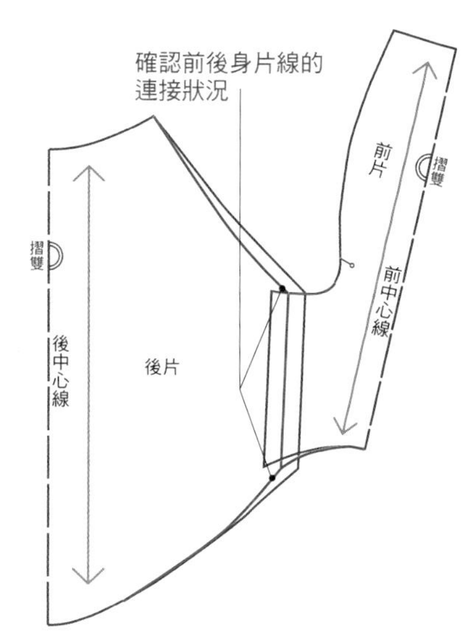

確認前後身片線的
連接狀況
前片
摺雙
摺雙
後中心線
後片
前中心線

3 對齊前後片新的脇邊線，修順袖襱線至下襬線。

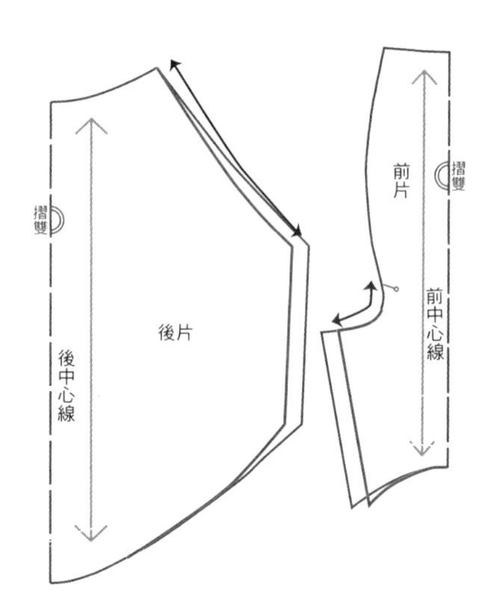

摺雙
後片
後中心線
前片
摺雙
前中心線

4 測量前後片袖襱線。

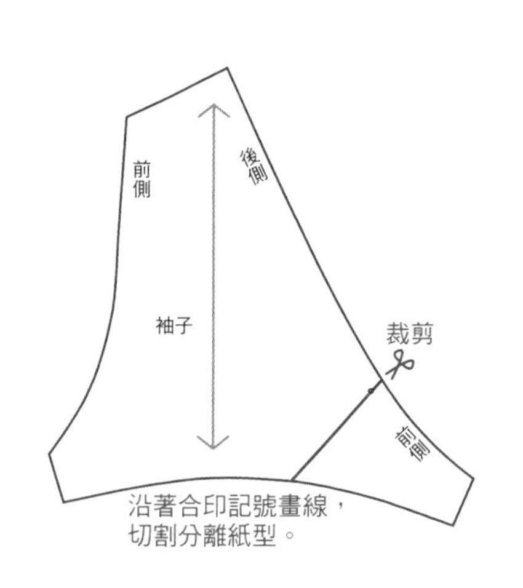

前側
後側
袖子
裁剪
前側
沿著合印記號畫線，
切割分離紙型。

5 依據**4**修正袖子的長度。沿袖子合印記號切割分離紙型。

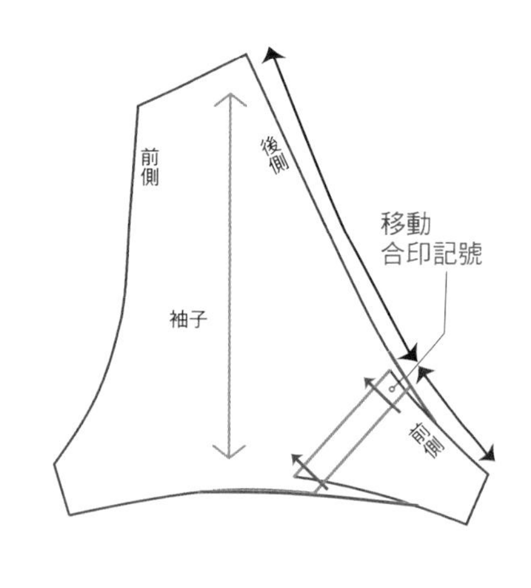

前側
後側
移動
合印記號
袖子
前側

6 依一定的長度分離切割的紙型，畫上新的連接線。

7 改變下襬羅紋布長度。測量前後片下襬長度×0.8即為新的長度。

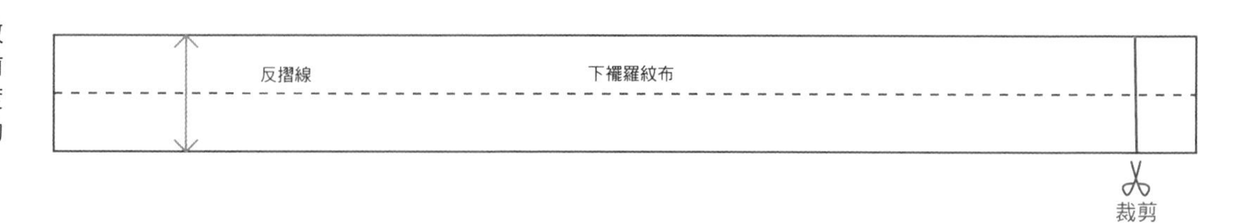

反摺線
下襬羅紋布
裁剪

〔 調節袖子尺寸 〕

◎增加袖子尺寸時

範例 〉增加3cm

1 決定需要增加的長度。（如增加3cm）

2 測量愛犬的前肢寬度，為了方便活動，請再大約目測一下愛犬穿著衣服時需要的鬆份。（如增加3cm時，測量袖口到3cm處的腿圍。）

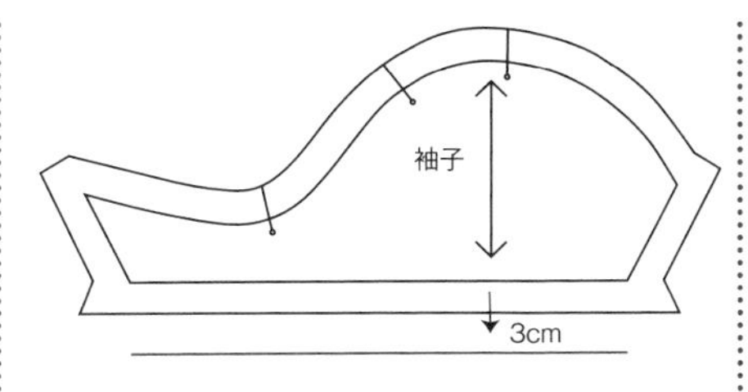
袖子
3cm

3 袖口線往下延長3cm。

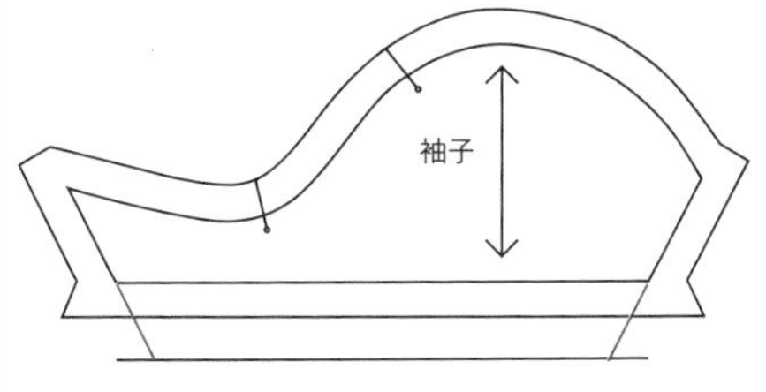
袖子

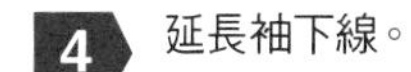

4 延長袖下線。

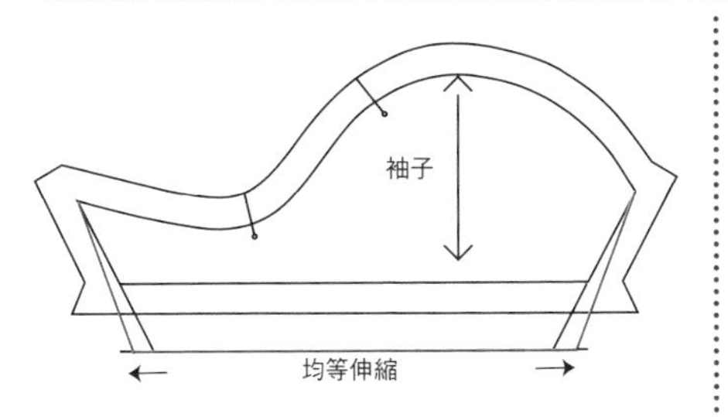
袖子
均等伸縮

5 依照步驟**2**測量的腿圍長度。

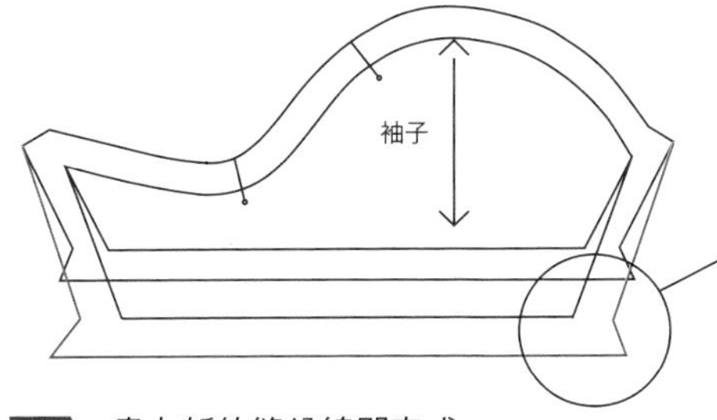
袖子

這裡的縫份
①描繪袖下縫份。
②首先從袖口畫上1.5cm的縫份。
③像車縫袖口縫份般反摺縫份。
④於摺疊狀態下進行裁剪即可。

6 畫上新的縫份線即完成。

◎縮減袖子尺寸時

範例 〉縮減1cm

1 決定需要縮減的長度。（如縮減1cm）

2 測量愛犬的前肢寬度，為了方便活動，請再大約目測一下需要的鬆份。（例如縮減1cm時，讓愛犬穿著衣服的狀況，測量從袖口往上1cm處的寬度。）

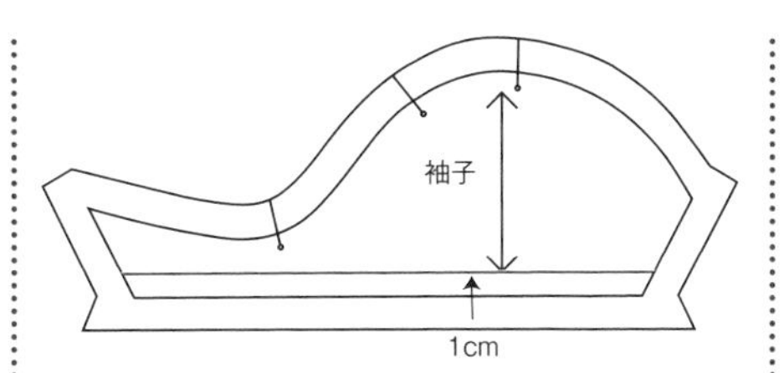
袖子
1cm

3 袖口線往上縮減1cm。

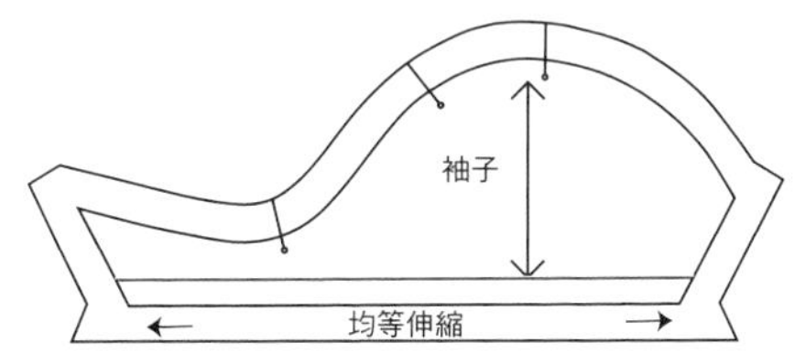
袖子
均等伸縮

4 依照步驟**2**測量的腿圍長度。

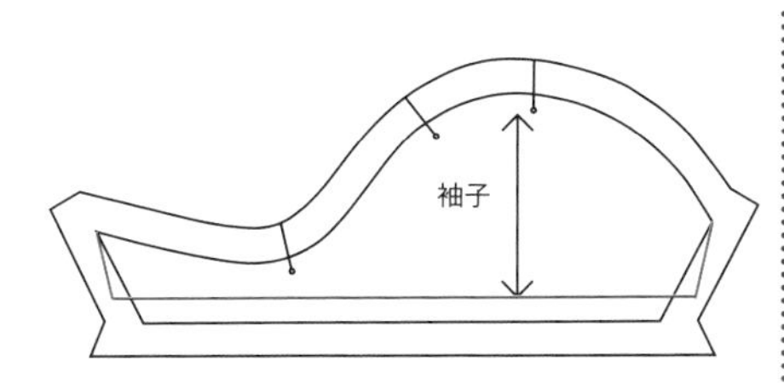
袖子

5 描繪新的袖下線。

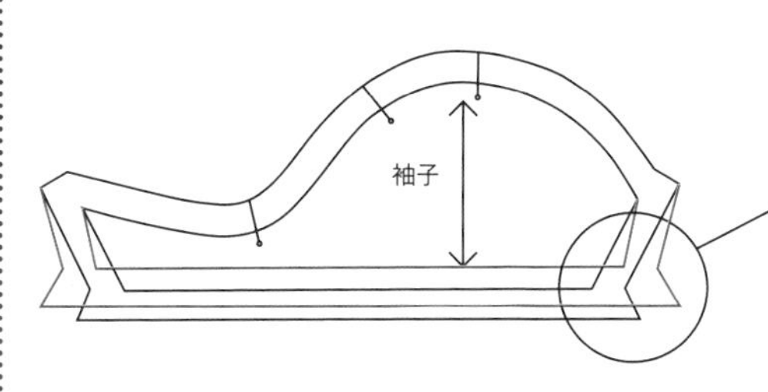
袖子

這裡的縫份
①描繪袖下縫份。
②首先從袖口畫上1.5cm的縫份。
③像車縫袖口縫份般反摺縫份。
④摺疊狀態下進行裁剪即可。

6 畫上縫份。

〔 調節連身褲尺寸 〕

◎增加連身褲長度時

範例 〉 增加3cm

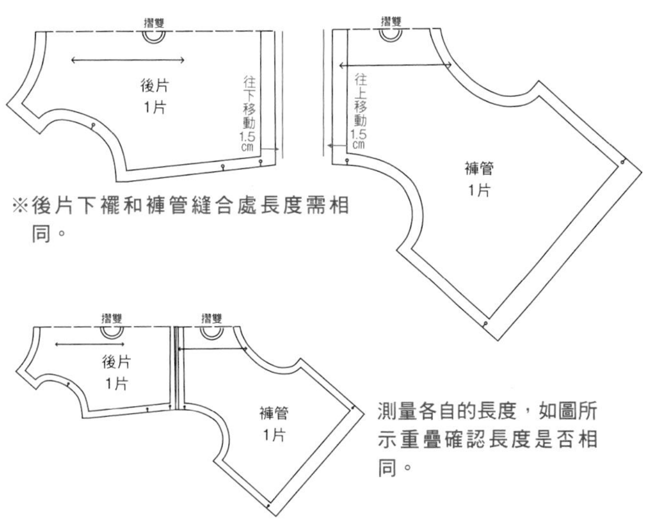
摺雙
後片
1片
往下移動1.5cm
摺雙
往上移動1.5cm
褲管
1片
摺雙
摺雙
後片
1片
褲管
1片

※後片下襬和褲管縫合處長度需相同。

測量各自的長度，如圖所示重疊確認長度是否相同。

1 後身片、褲管各延長1.5cm。

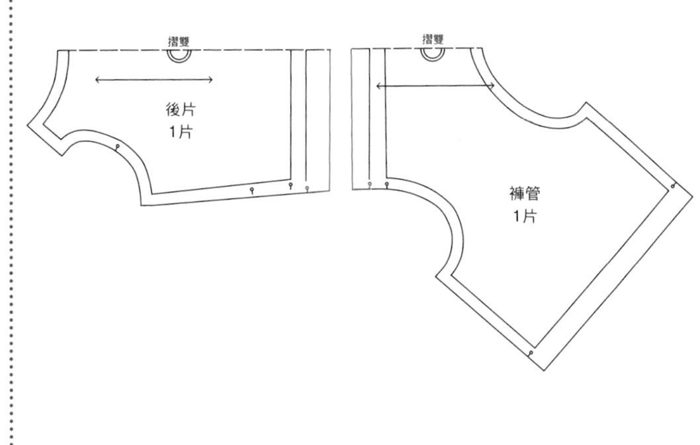
摺雙
後片
1片
摺雙
褲管
1片

2 重新描繪縫份，畫上新的合印記號。

◎縮短連身褲長度時

範例 〉 縮減1cm

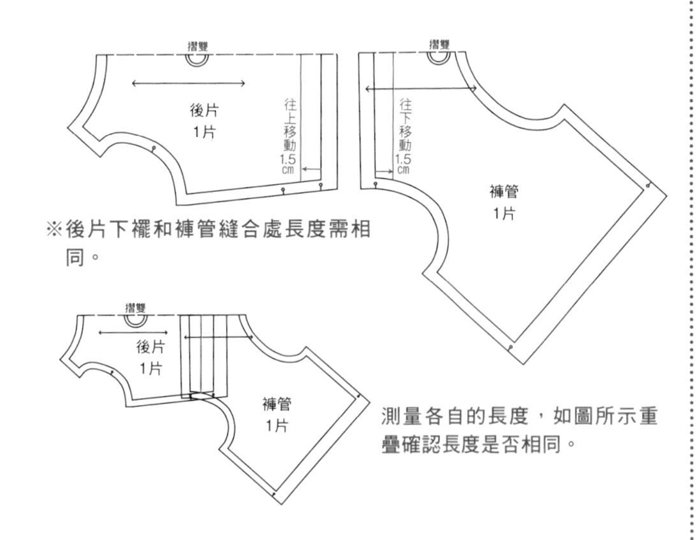
摺雙
後片
1片
往上移動1.5cm
摺雙
往下移動1.5cm
褲管
1片
摺雙
後片
1片
褲管
1片

※後片下襬和褲管縫合處長度需相同。

測量各自的長度，如圖所示重疊確認長度是否相同。

1 後身片、褲管各縮短1.5cm。

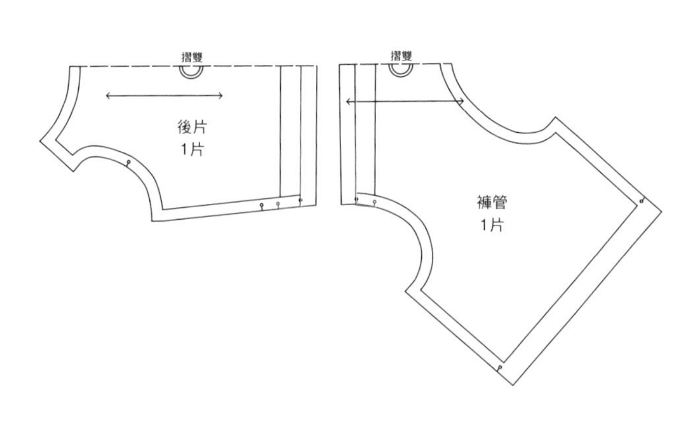
摺雙
後片
1片
摺雙
褲管
1片

2 重新描繪縫份，畫上新的合印記號。

CHAPTER
3

製作方法

參考Chapter 2的基礎知識，開始製作服裝吧！依製作的犬種種類和尺寸，來決定想製作的款式，照著款式的縫製說明開始作衣服。為了可愛的愛犬打造出獨一無二的魅力吧！

拼布連身裙

材料

- 寬110cm×40cm針織布（前片・後片・袖子・頸圍羅紋布）
- 寬40cm×25cm圓點棉質布（邊端用布）
- 寬30cm×20cm小點點棉質布（側邊用布）
- 寬15cm×20cm印花棉質布（中央布用）

完成成品

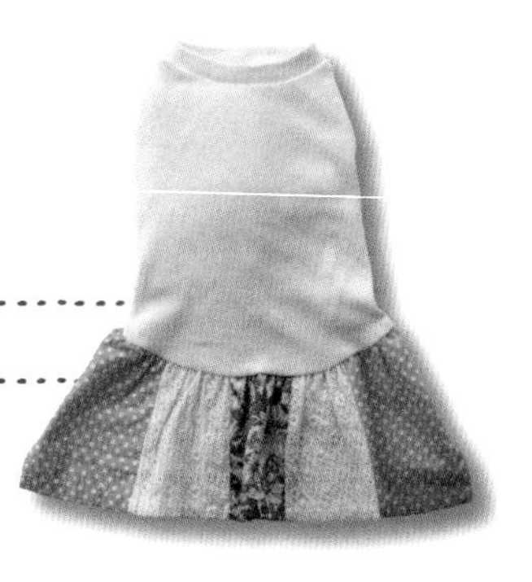

裁布圖

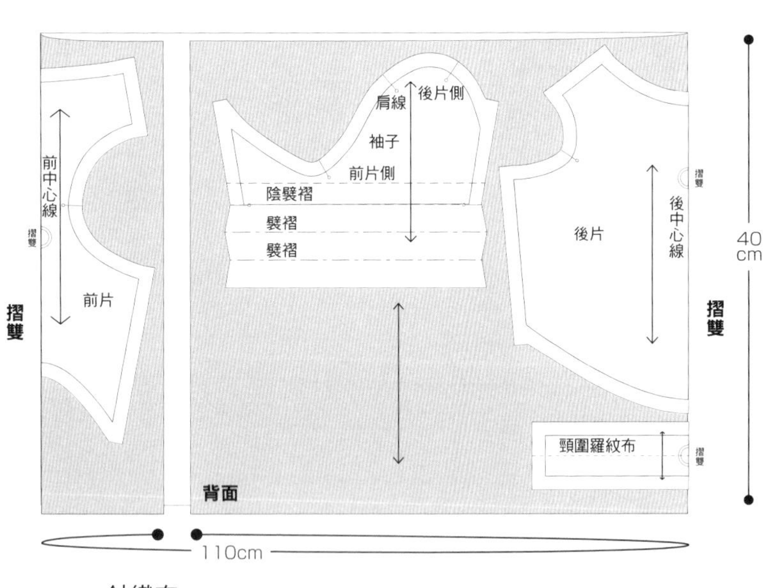
前中心線
摺雙
前片
肩線
後片側
袖子
前片側
陰襞褶
襞褶
襞褶
後片
後中心線
摺雙
頸圍羅紋布
摺雙
背面
40 cm
摺雙
110cm

▲ 針織布

裙子 邊端布
摺雙
背面
25 cm
40cm

◀ 圓點棉質布

26.5cm細褶
裙子 側邊用布
摺雙
背面
20 cm
30cm

▲ 小點點棉質布

裁剪1片
背面
裙子 邊端布
20 cm
15cm

▲ 印花棉質布

製作順序

1 製作裙子

1 裙子中央用布和側邊用布正面相對疊合，車縫縫份1cm處，布端進行Z字形車縫。縫份倒向側邊用布側。

2 另一側的中央用布和側邊用布，依相同方法車縫。

裙子側邊用布（正面）
裙子
中央用布
（背面）

3 側邊用布和邊端用布正面相對疊合，車縫縫份1cm處，布端進行Z字形車縫。縫份倒向邊端用布側。

4 另一側的側邊用布和邊端用布，依相同方法車縫。

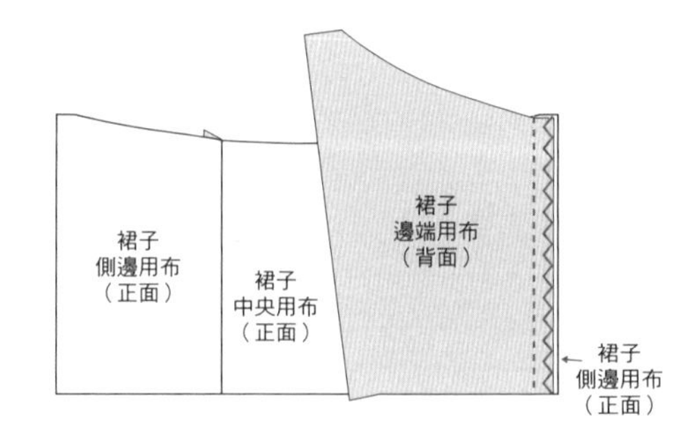
裙子
側邊用布
（正面）
裙子
中央用布
（正面）
裙子
邊端用布
（背面）
裙子
側邊用布
（正面）

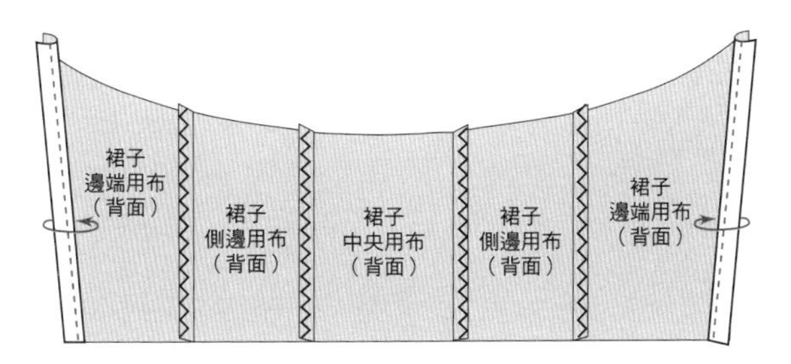

裙子
邊端用布
（背面）
裙子
側邊用布
（背面）
裙子
中央用布
（背面）
裙子
側邊用布
（背面）
裙子
邊端用布
（背面）

5 兩端縫份依2cm寬度往內側三摺邊，車縫邊端0.8cm處。

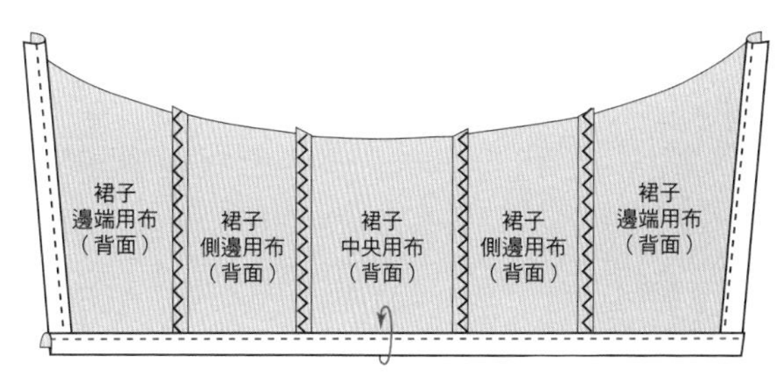

裙子
邊端用布
（背面）
裙子
側邊用布
（背面）
裙子
中央用布
（背面）
裙子
側邊用布
（背面）
裙子
邊端用布
（背面）

6 下襬縫份依2cm寬度往內側三摺邊，車縫邊端0.8cm處。

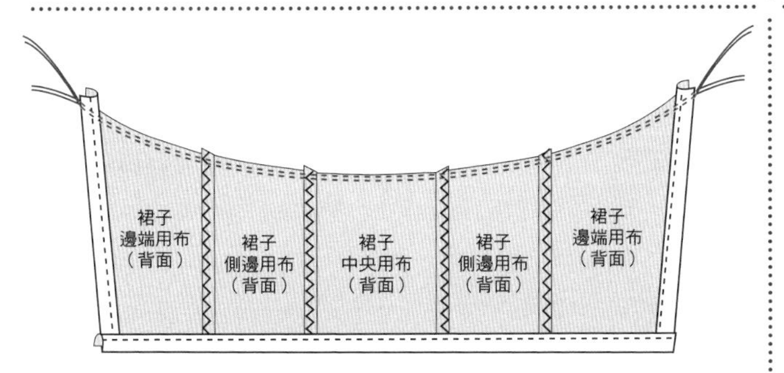

裙子
邊端用布
（背面）
裙子
側邊用布
（背面）
裙子
中央用布
（背面）
裙子
側邊用布
（背面）
裙子
邊端用布
（背面）

7 如圖所示於縫份車縫兩條粗針目縫線。始縫、止縫點無需回針縫，預留多點縫線長度。

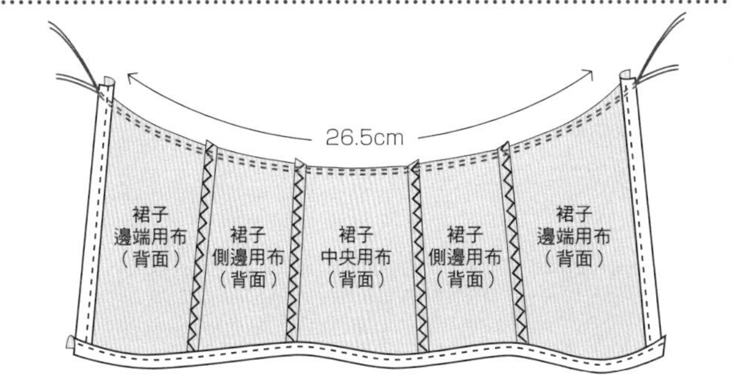

26.5cm
裙子
邊端用布
（背面）
裙子
側邊用布
（背面）
裙子
中央用布
（背面）
裙子
側邊用布
（背面）
裙子
邊端用布
（背面）

8 抽拉上線約26.5cm長度。上下線打結固定細褶形狀。

2 接縫肩膀和脇邊

1 前後身片脇邊正面相對疊合，車縫縫份1cm處。

2 縫份進行Z字形車縫。（步驟**1**車縫線邊端），裁剪多餘部分。

3 另一側脇邊依相同方法車縫。

4 肩線依相同方法車縫。

5 縫份倒向前片側。

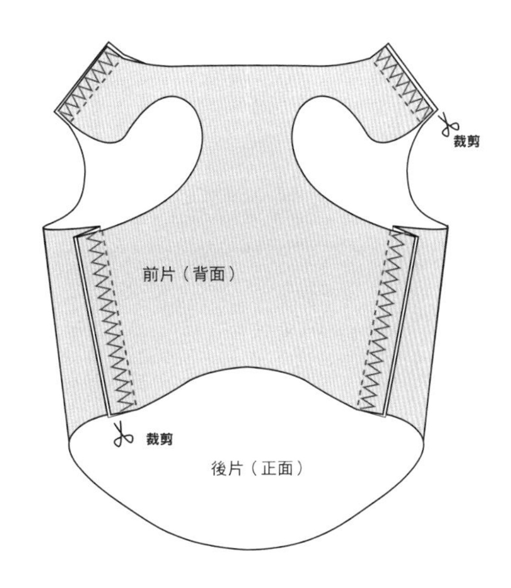

裁剪
前片（背面）
裁剪
後片（正面）

3 製作袖子・接縫

1

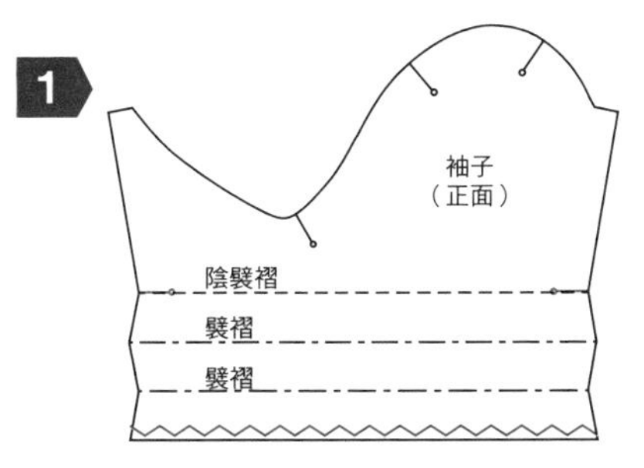

袖子
（正面）
陰襞褶
襞褶
襞褶

袖口進行Z字形車縫。

2

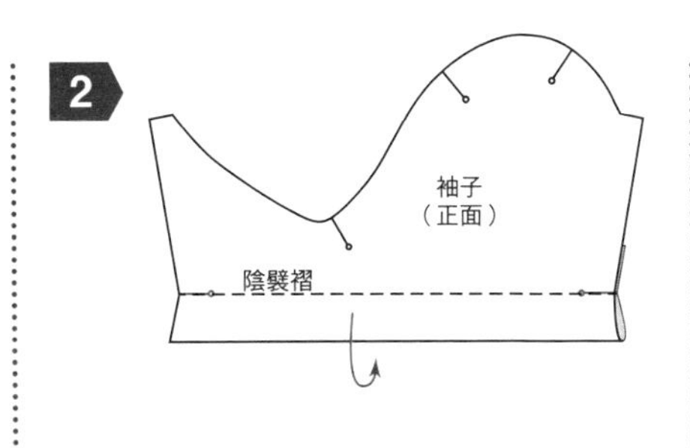

袖子
（正面）
陰襞褶

沿襞褶線往內側二摺邊。

3

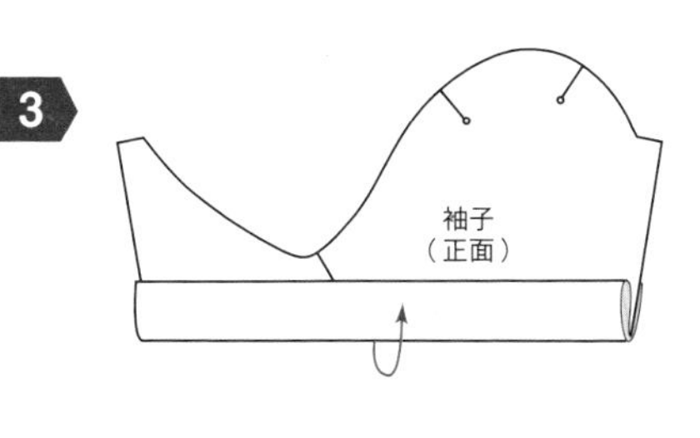

袖子
（正面）

沿陰襞褶線往表側摺。

4 袖口對摺，袖下縫份車縫1cm處，邊端進行Z字形車縫。裁剪多餘部分。

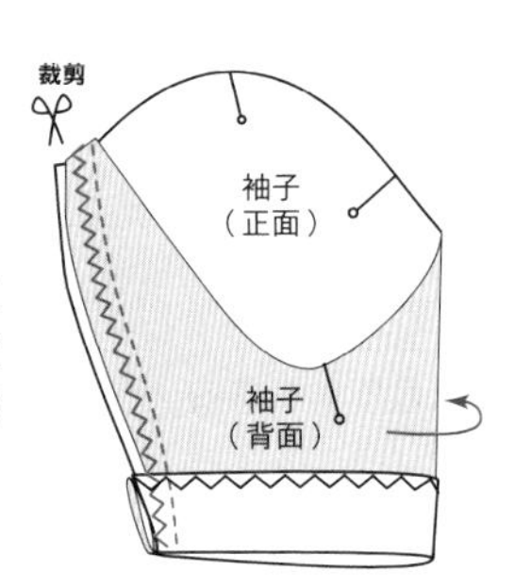
裁剪
袖子
（正面）
袖子
（背面）

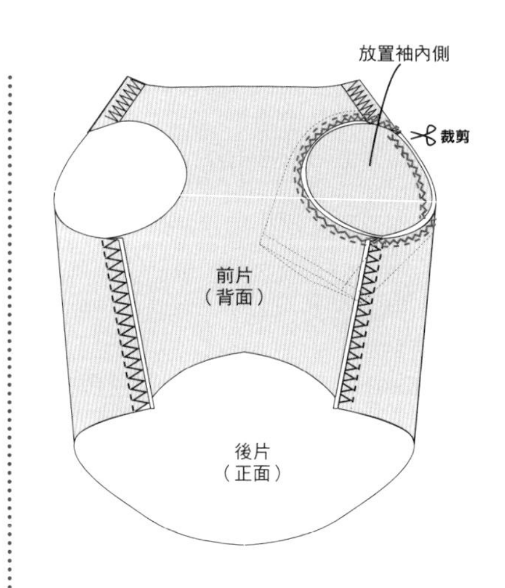
放置袖內側
裁剪
前片
（背面）
後片
（正面）

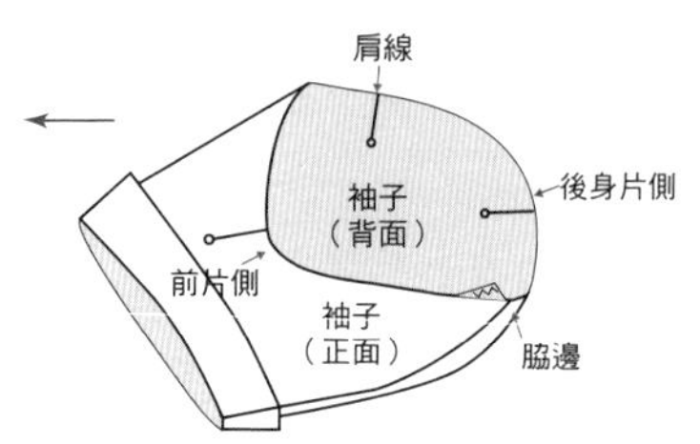
肩線
袖子
（背面）
後身片側
前片側
袖子
（正面）
脇邊

5 袖子翻至正面。

6 注意不要搞錯左右袖子位置，袖子和身片正面相對疊合，袖襱縫份車縫1cm處。邊端進行Z字形車縫。裁剪多餘縫份。

7 另一側袖子也依相同方法車縫。

4 製作頸圍羅紋布・接縫

1 頸圍羅紋布如圖所示正面相對對摺，縫份車縫1cm處，燙開縫份。

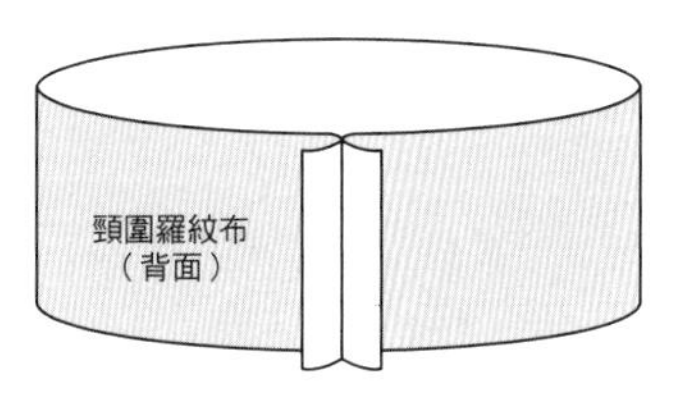
頸圍羅紋布
（背面）

2 對摺頸圍羅紋布。

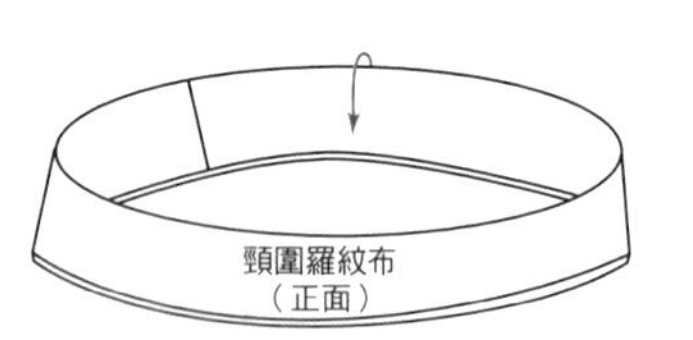
頸圍羅紋布
（正面）

3 重疊頸圍羅紋縫線和肩線縫線，正面相對疊合以珠針固定，車縫縫份1cm處。邊端進行Z字形車縫。裁剪多餘縫份。

Point

羅紋布長度較短，車縫時請拉開羅紋布，對齊頸圍，以珠針均等固定。

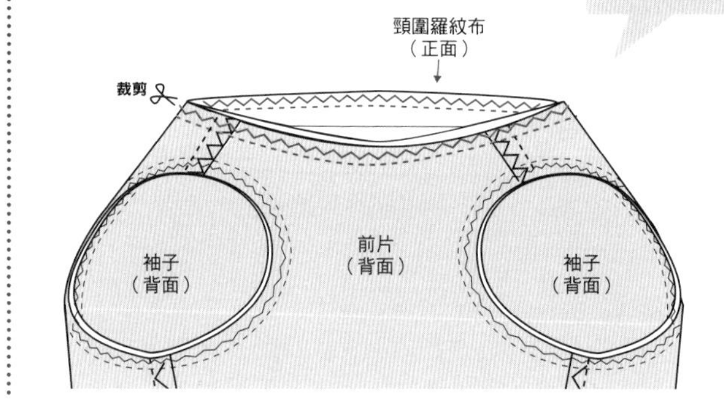
頸圍羅紋布
（正面）
裁剪
袖子
（背面）
前片
（背面）
袖子
（背面）

5 接縫裙子，車縫下襬

1 後片下襬和裙片正面相對疊合，縫份車縫1cm處。

2 身片下襬邊端進行Z字形車縫。

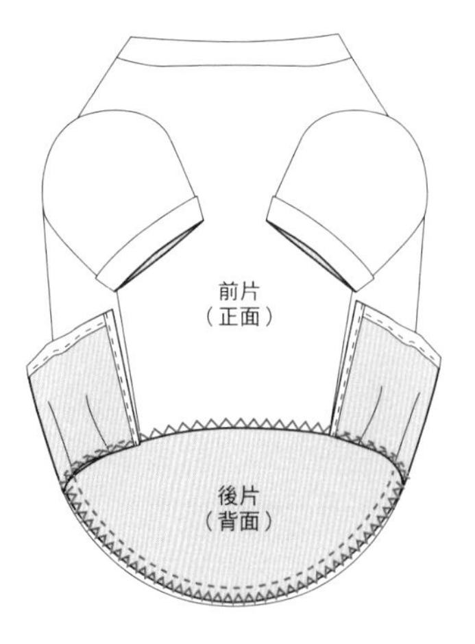
前片
（正面）
後片
（背面）

3 下襬反摺1cm，邊端車縫0.8cm處。

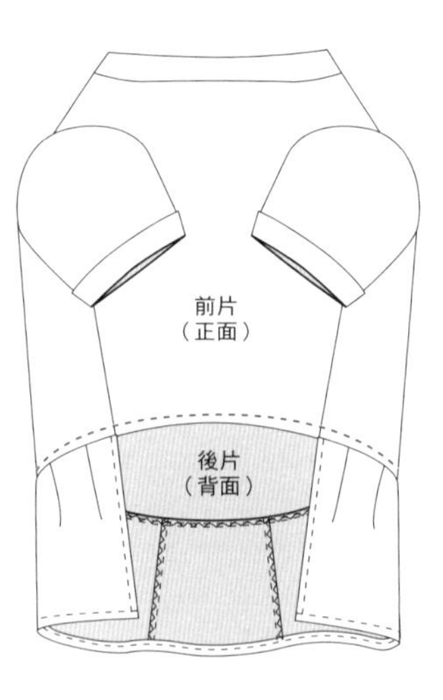
前片
（正面）
後片
（背面）

無袖罩衫

材料

- 寬60cm×35cm短毛針織布（後片・帽子表布）
- 寬55cm×25cm黃色天竺針織布（帽子裡布・兩側剪接布・袖子羅紋布）
- 寬40cm×40cm綠色天竺針織布（前片・下襬羅紋布）

完成成品

裁布圖

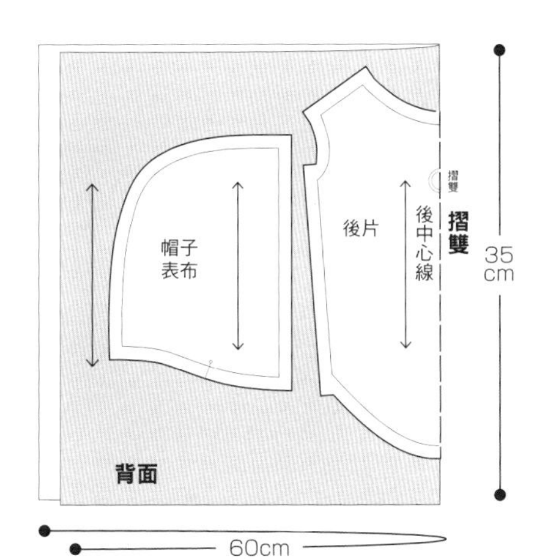

帽子
表布
後片
後中心線
摺雙
35
cm
背面
60cm

▲ 短毛針織布

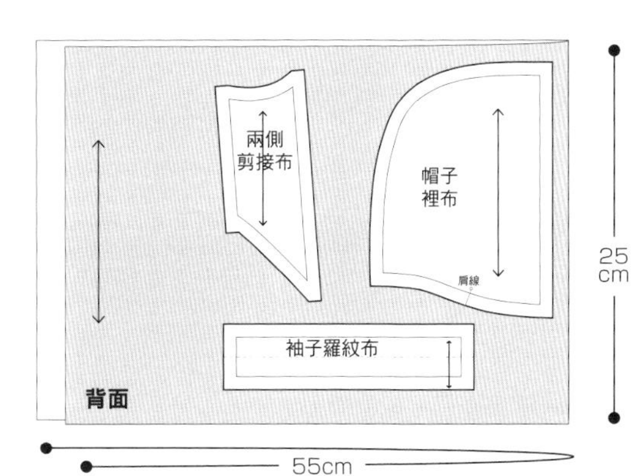

兩側
剪接布
帽子
裡布
袖子羅紋布
25
cm
背面
55cm

▲ 黃色天竺針織布

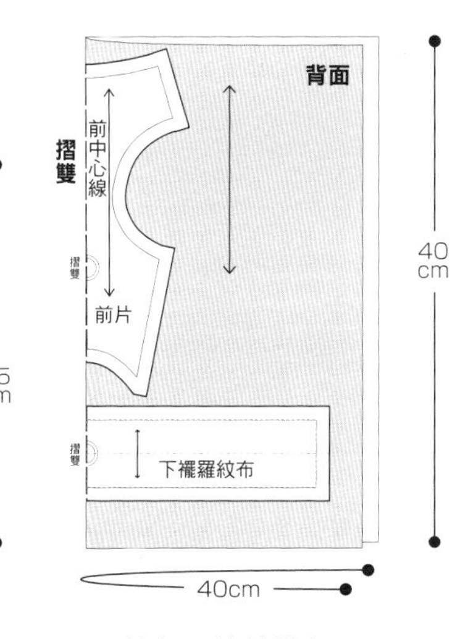

背面
前中心線
摺雙
前片
下襬羅紋布
40
cm
40cm

▲ 綠色天竺針織布

製作順序

1 接縫剪接片

1

兩側剪接布和後片正面相對疊合，縫份車縫1cm處。邊端進行Z字形車縫。裁剪多餘縫份。

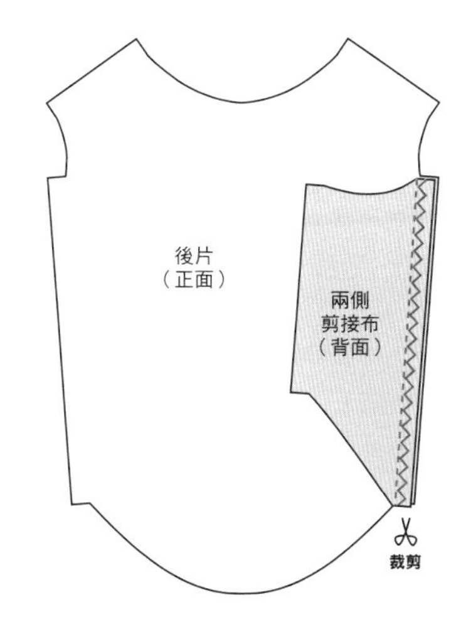

後片
（正面）
兩側
剪接布
（背面）
裁剪

2

另一片脇邊的剪接片也依相同方法車縫。

3

兩側剪接布和前片脇邊正面相對疊合，縫份車縫1cm處。邊端進行Z字形車縫。裁剪多餘縫份。

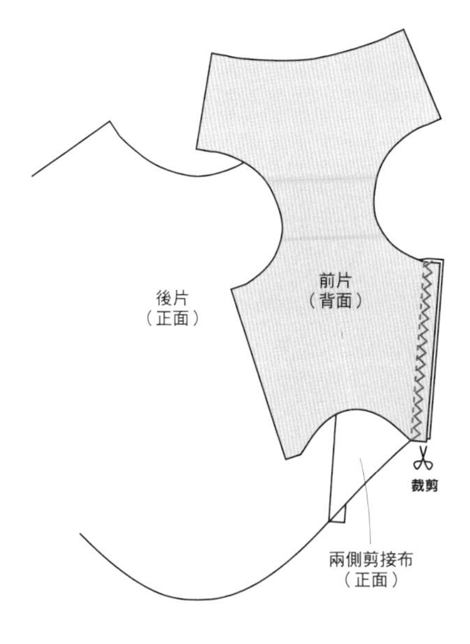

後片
（正面）
前片
（背面）
裁剪
兩側剪接布
（正面）

4

另一片脇邊的剪接片也依相同方法車縫。

2 接縫肩線

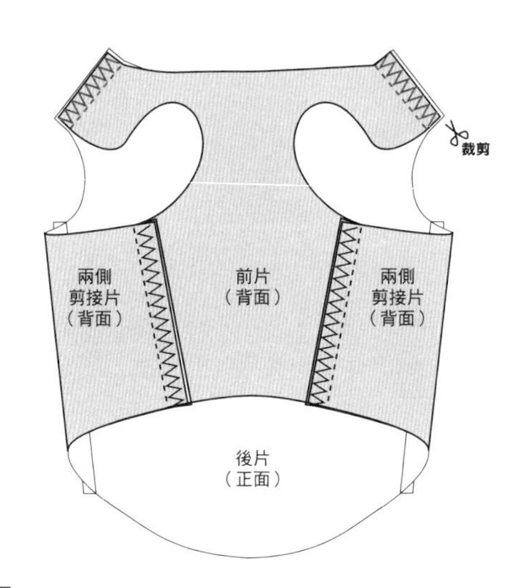
裁剪
兩側
剪接片
（背面）
前片
（背面）
兩側
剪接片
（背面）
後片
（正面）

1. 前後身片肩線正面相對疊合，車縫縫份1cm處。
2. 縫份進行Z字形車縫。（步驟1車縫線的邊端），裁剪多餘部分。
3. 另一側肩線依相同方法車縫。
4. 縫份倒向前片側。

3 製作帽子・接縫身片頸圍

1

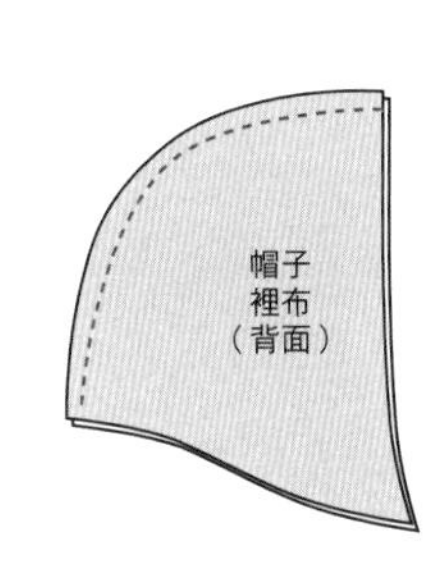
帽子
裡布
（背面）

帽子表布、裡布各自正面相對疊合，車縫縫份1cm處。

2

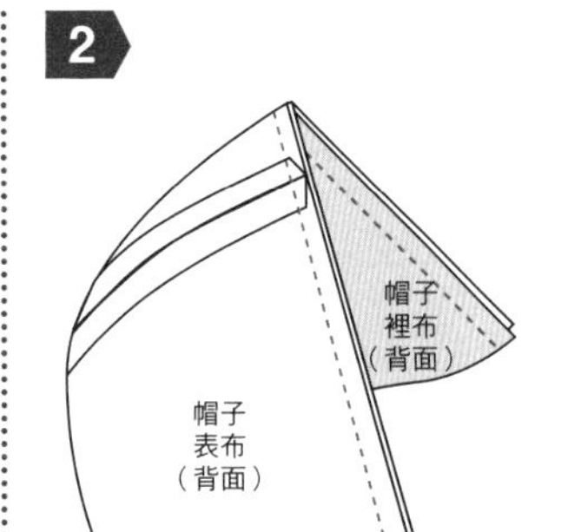
帽子
裡布
（背面）
帽子
表布
（背面）

展開帽子表裡布，正面相對疊合。帽子口縫份1cm處，兩片一起車縫，翻至正面。

3

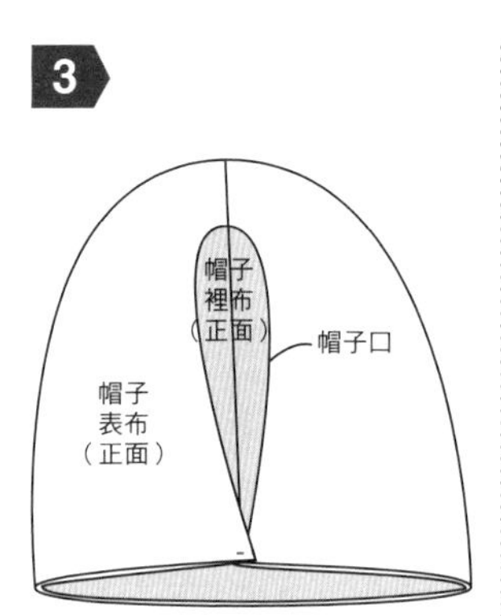
帽子
裡布
（正面）
帽子口
帽子
表布
（正面）

頸圍兩端重疊0.5cm，頸圍如圖重疊，車縫固定。

4

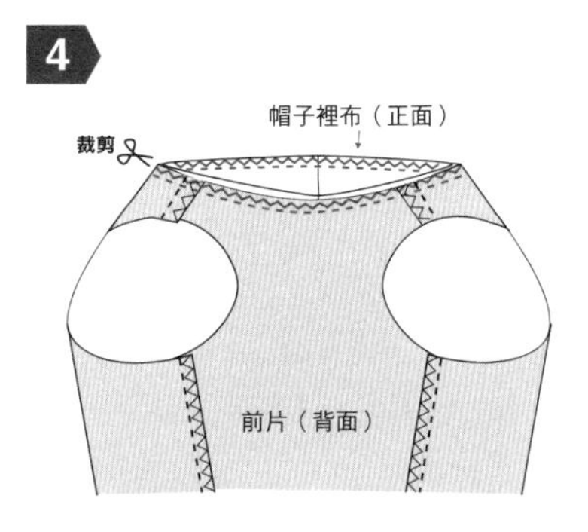
帽子裡布（正面）
裁剪
前片（背面）

帽子口朝向前片中心，帽子和身片頸圍正面相對疊合，以珠針固定。車縫縫份1cm處。邊端進行Z字形車縫，裁剪多餘縫份。

4 袖口羅紋布・下襬羅紋布・袖襱・下襬線接縫

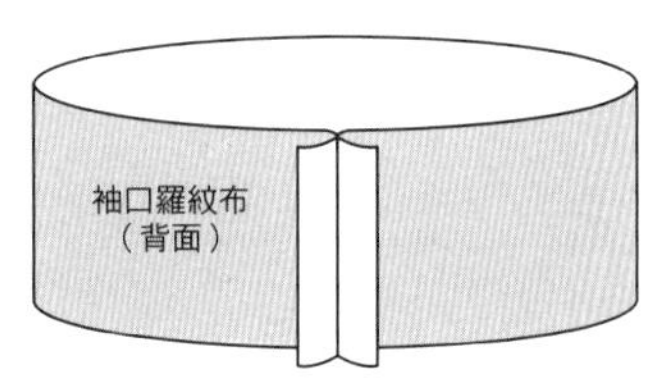
袖口羅紋布
（背面）

1. 袖口羅紋布如圖正面相對對摺，車縫縫份1cm處。燙開縫份。

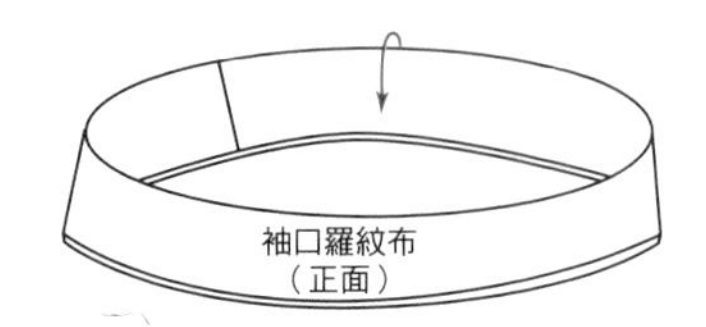
袖口羅紋布
（正面）

2. 袖口羅紋布背面對摺。
3. 依相同方法製作下襬羅紋布。

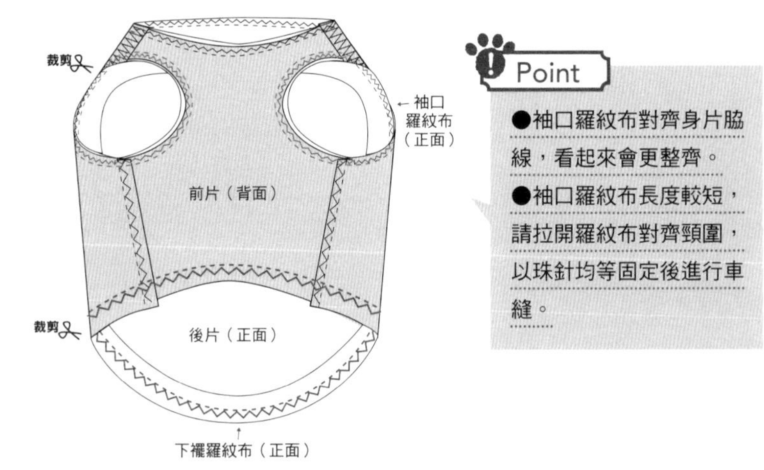
裁剪
袖口
羅紋布
（正面）
前片（背面）
裁剪
後片（正面）
下襬羅紋布（正面）

4. 袖口羅紋布縫線對齊身片脇線，正面相對疊合，以珠針固定。車縫縫份1cm處。邊端進行Z字形車縫。裁剪多餘縫份。
5. 依相同方法接縫下襬羅紋布和身片下襬線。

Point

- 袖口羅紋布對齊身片脇線，看起來會更整齊。
- 袖口羅紋布長度較短，請拉開羅紋布對齊頸圍，以珠針均等固定後進行車縫。

連身褲

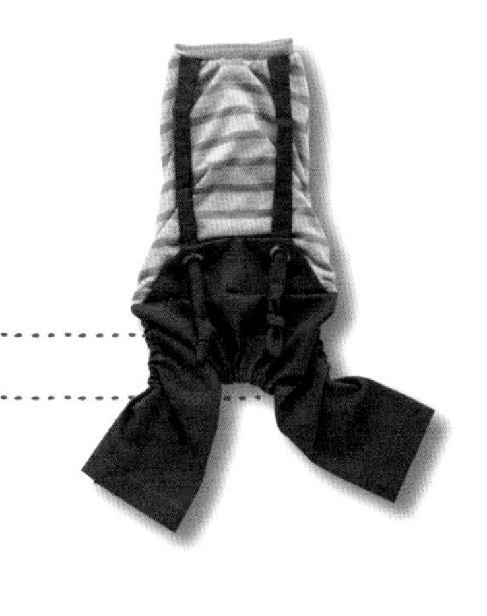

材料

- 寬110cm×40cm針織布（前片・後片・袖子・頸圍羅紋布）
- 寬90cm×50cm本色細平布（褲子・胸襠布・肩繩）
- 雞眼釦直徑0.1cm 2組
- 45.5cm鬆緊帶 1條（腳圍）
- 11cm鬆緊帶 1條（前片下襬）

完成成品

裁布圖

▼ 針織布

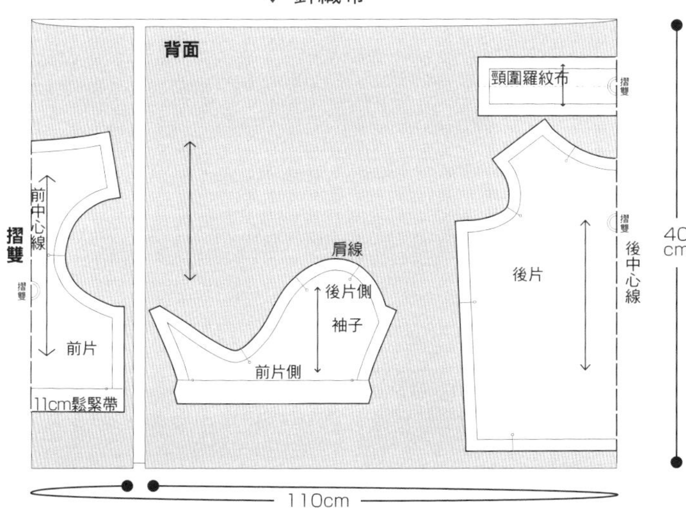
背面
頸圍羅紋布
摺雙
前中心線
摺雙
肩線
後片側
袖子
前片側
後片
後中心線
前片
11cm鬆緊帶
40cm
110cm

▼ 本色細平布

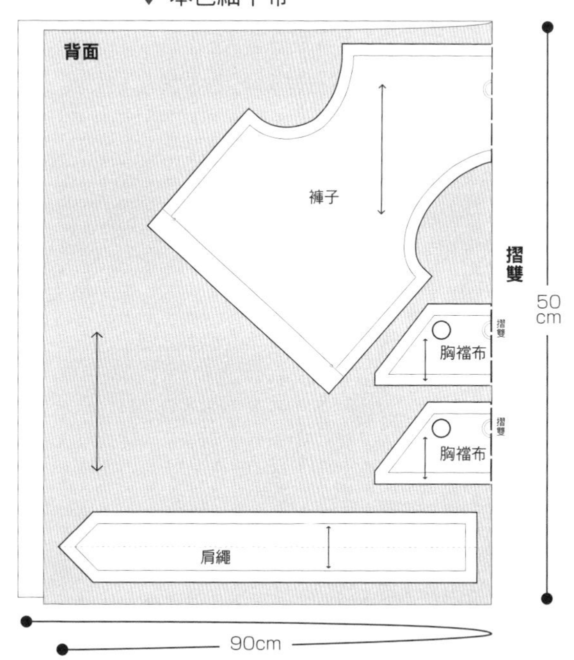
背面
褲子
摺雙
50cm
胸襠布
胸襠布
肩繩
90cm

製作順序

1 前片下襬穿過鬆緊帶

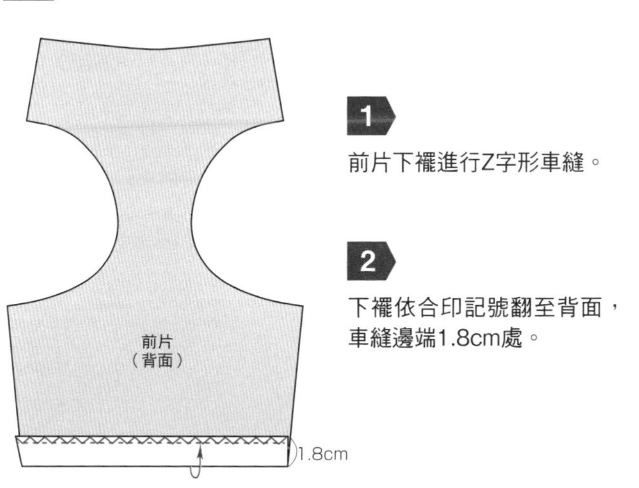
前片
（背面）
1.8cm

1 前片下襬進行Z字形車縫。

2 下襬依合印記號翻至背面，車縫邊端1.8cm處。

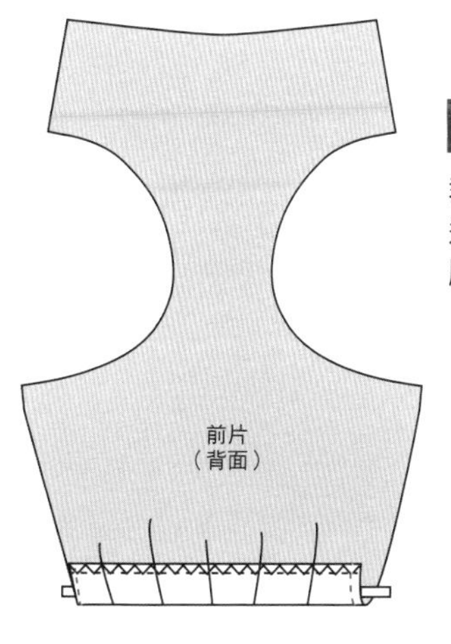
前片
（背面）

3 裁剪下11cm的鬆緊帶，穿過前片下襬。避免鬆緊帶鬆脫，兩端需車縫固定。

2 製作褲子

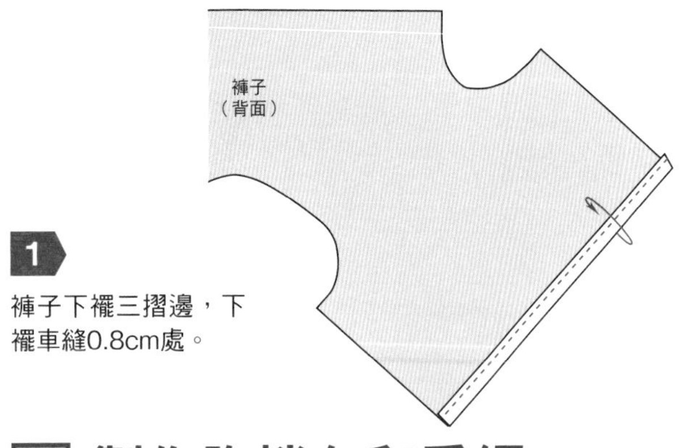

褲子
（背面）

1

褲子下襬三摺邊，下襬車縫0.8cm處。

2

褲管正面相對疊合，車縫縫份1cm處。布料邊端進行Z字形車縫。

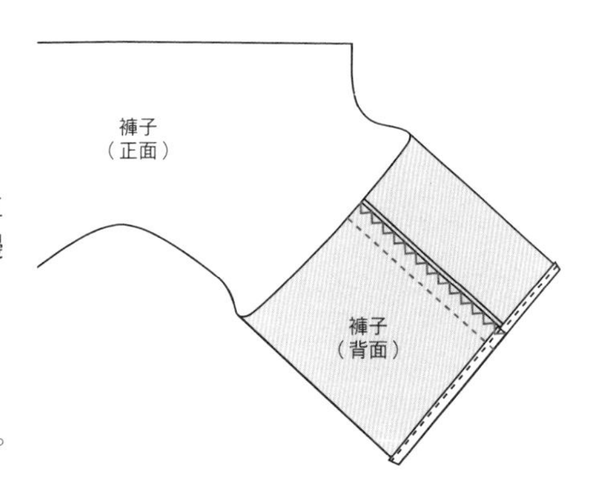

褲子
（正面）
褲子
（背面）

3

另一片依相同方法車縫。

3 製作胸襠布和肩繩

1 胸襠布正面相對疊合，車縫縫份1cm處。

胸襠布（背面）

2 翻至正面，裝上雞眼釦（位置參考紙型）。

胸襠布（正面）

3 肩繩正面相對對摺，如圖所示車縫縫份1cm處。

肩繩（背面）

4 翻至正面。

5 另一片依相同方法車縫。

肩繩（正面）

4 後片和褲子・胸襠片接縫

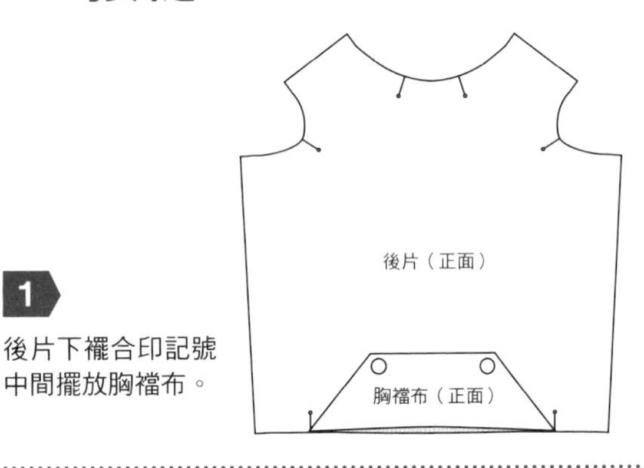

後片（正面）
胸襠布（正面）

1

後片下襬合印記號中間擺放胸襠布。

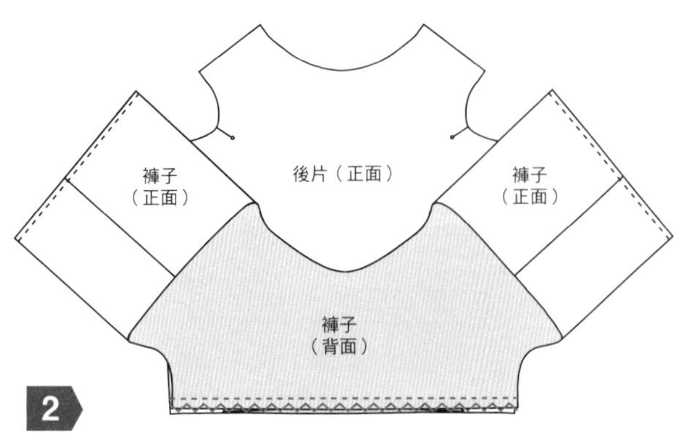

褲子
（正面）
後片（正面）
褲子
（正面）
褲子
（背面）

2

褲子正面相對疊合，車縫縫份1cm處。布料邊端進行Z字形車縫。縫份倒向後片側。

5 肩線和脇線接縫

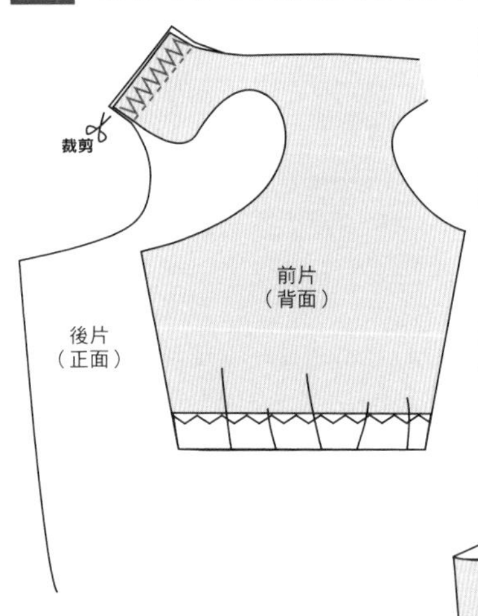

裁剪
前片
（背面）
後片
（正面）

1 前後片肩線正面相對疊合，車縫縫份1cm處。

2 縫份進行Z字形車縫。（步驟1車縫線的邊端）裁剪多餘部分。

3 另一側肩線也依相同方法車縫。

4 前後片脇邊正面相對疊合，車縫縫份1cm處。

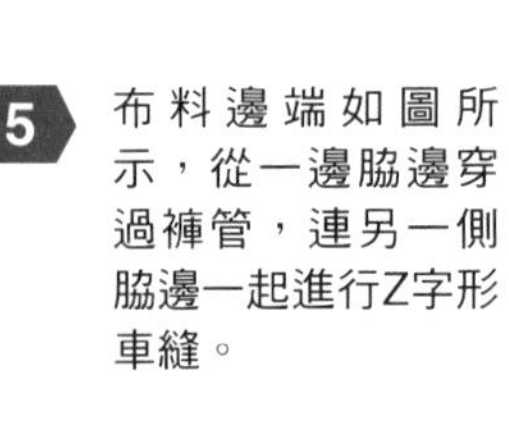

5 布料邊端如圖所示，從一邊脇邊穿過褲管，連另一側脇邊一起進行Z字形車縫。

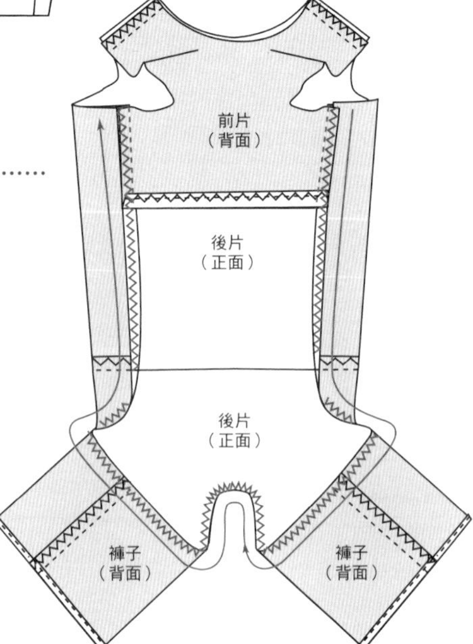

前片
（背面）
後片
（正面）
後片
（正面）
褲子
（背面）
褲子
（背面）

6 車縫褲子邊端

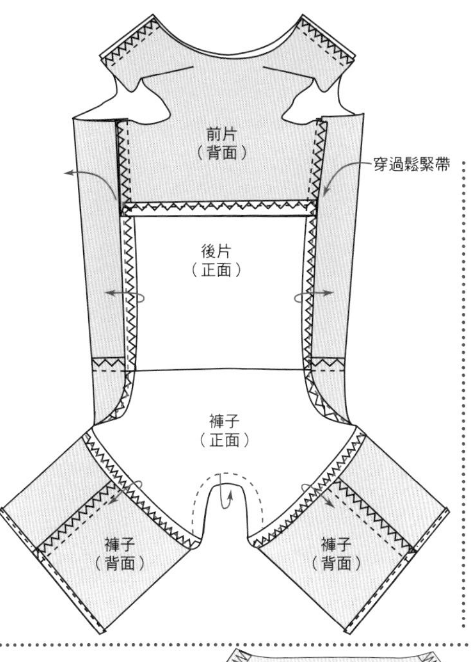

前片
（背面）
穿過鬆緊帶
後片
（正面）
褲子
（正面）
褲子
（背面）
褲子
（背面）

1 從後片脇線褲子邊端至另一側脇邊，往內摺疊1cm，如圖所示車縫邊端0.8cm處。

2 裁剪45.5cm的鬆緊帶，穿過步驟**1**處。為避免脫落，兩端車縫固定。

Point
・為了穿鬆緊帶，請配合鬆
緊帶寬度車縫。

7 製作袖子・接縫

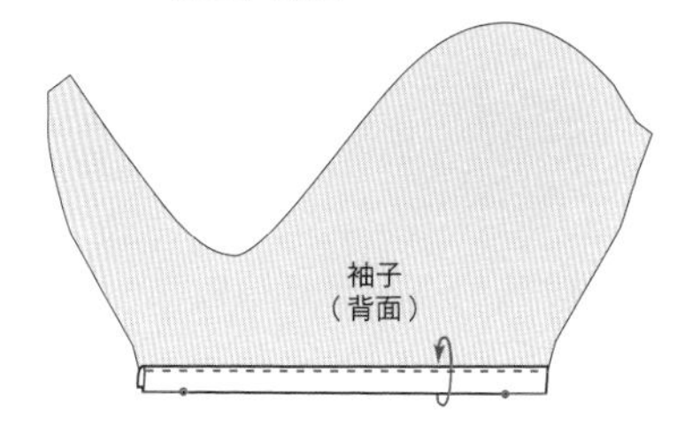

袖子
（背面）

1 袖口縫份依2cm寬度三摺邊，以珠針固定。

2 袖口邊端車縫0.8cm處。

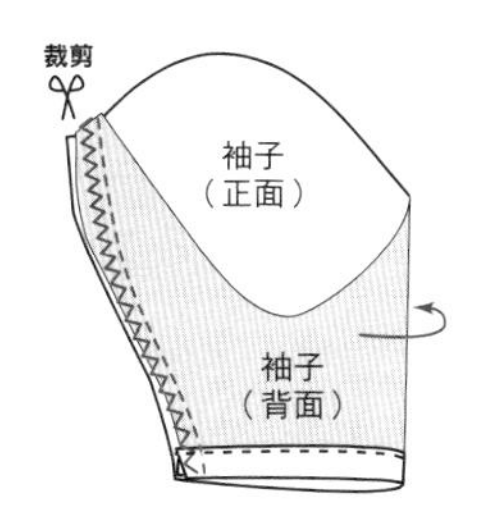

裁剪
袖子
（正面）
袖子
（背面）

3 袖子對摺，車縫縫份1cm處，邊端進行Z字形車縫。裁剪多餘縫份部分。

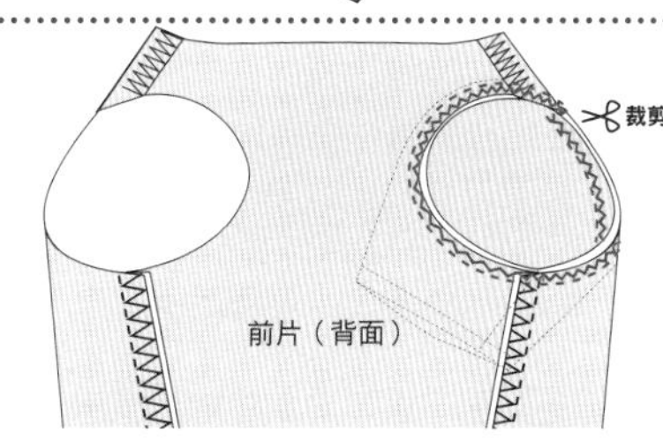

裁剪
前片（背面）
肩線
後片側
袖子
（正面）
袖子
（背面）
前片側

4 袖子翻至正面。

5 注意不要搞錯左右袖子位置，袖子和身片正面相對疊合，車縫袖襱縫份1cm處。邊端進行Z字形車縫，裁剪多餘縫份。

6 另一側袖子也依相同方法車縫。

8 製作頸圍羅紋・接縫・肩繩打結

1

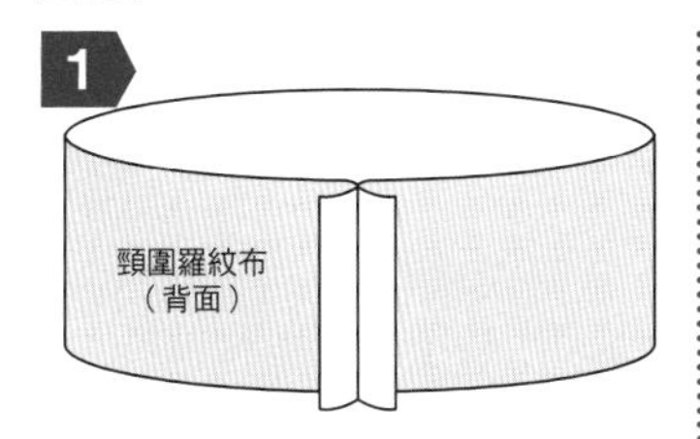

頸圍羅紋布
（背面）

頸圍羅紋布如圖所示，正面相對對摺，車縫縫份1cm處，燙開縫份。

2

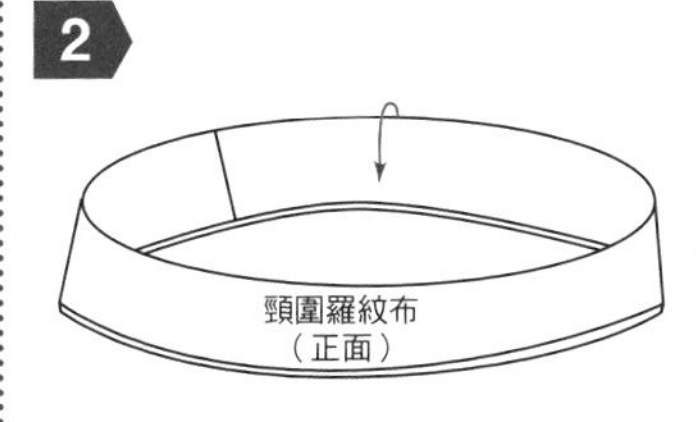

頸圍羅紋布
（正面）

頸圍羅紋布背面對摺。

3

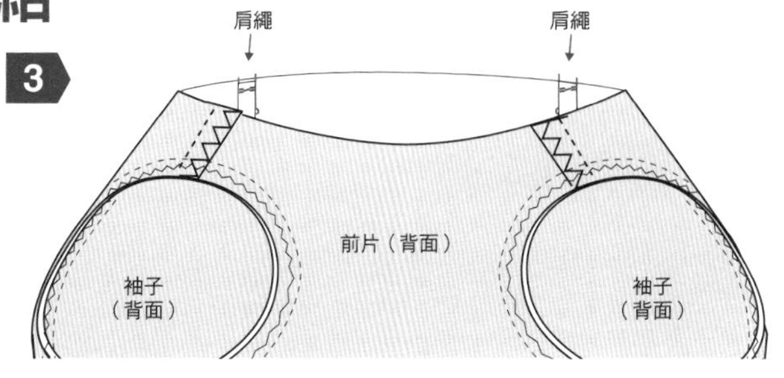

肩繩
肩繩
前片（背面）
袖子
（背面）
袖子
（背面）

肩繩放置至後片合印記號處，車縫固定。

4

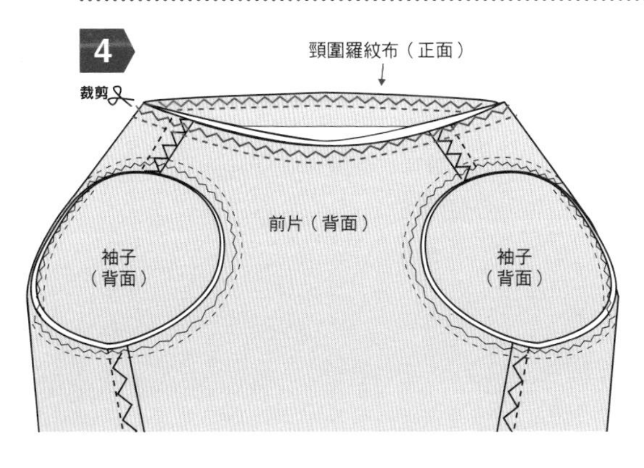

頸圍羅紋布（正面）
裁剪
前片（背面）
袖子
（背面）
袖子
（背面）

重疊頸圍羅紋布和身片邊端，正面相對疊合，以珠針固定。車縫縫份1cm處。邊端進行Z字形車縫，裁剪多餘縫份。

5 從胸襠布背面，肩繩穿過雞眼釦、打結。

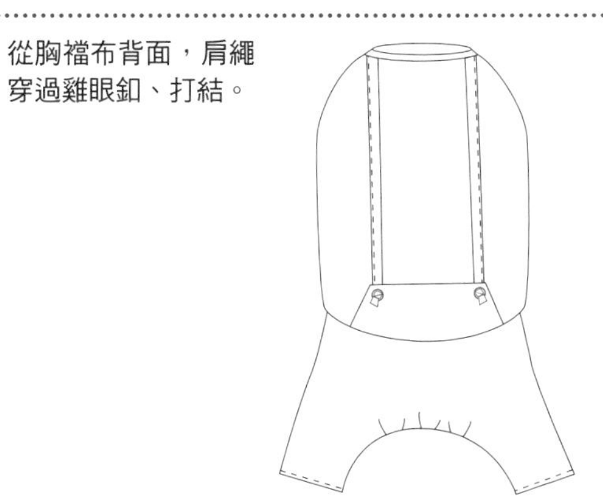

連身裙

材料

- 寬105cm×65cm精梳棉布
  （前片・後片・裙片・蝴蝶結用・頸圍・袖襱用斜布條）
- 1.2cm釦子　3個
- 暗釦　3組

完成成品

裁布圖

前片　前中心線　摺雙　背面　摺雙　精梳棉布
後片　後中心線　裙片　摺雙　蝴蝶結布　摺雙　蝴蝶結布　摺雙
頸圍用斜布條30.5cm 1片
頸圍・袖襱用斜布條24.5cm 2片
65cm　105cm

製作順序

1 製作裙子

1 裙片下襬依2cm寬度三摺邊，車縫邊端0.8cm。

2 如圖所示腰圍縫份以粗針目（約4左右）車縫兩條。始縫、止縫處無需回針縫、預留多點縫線。

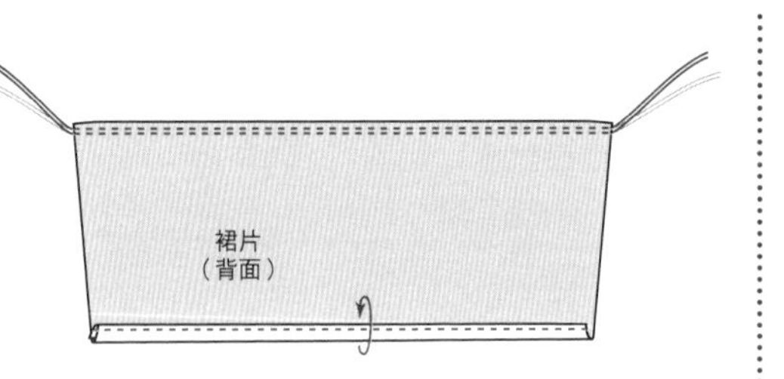
裙片
（背面）

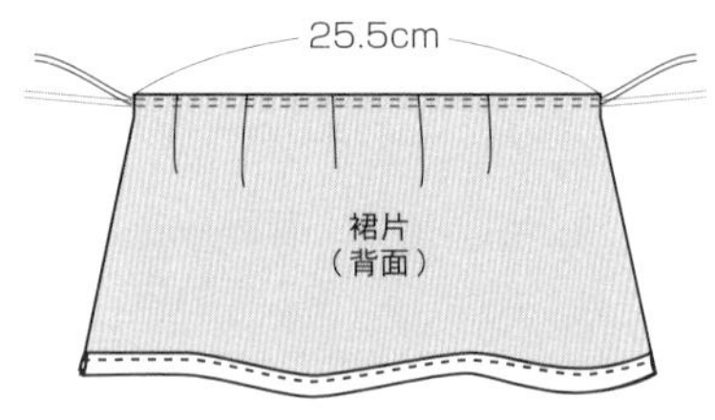
25.5cm
裙片
（背面）

3 抽拉上線至25.5cm。避免破壞細褶，上下線需打結固定。

2 製作蝴蝶結

1 蝴蝶結正面相對對摺，縫份1cm處進行L形車縫。

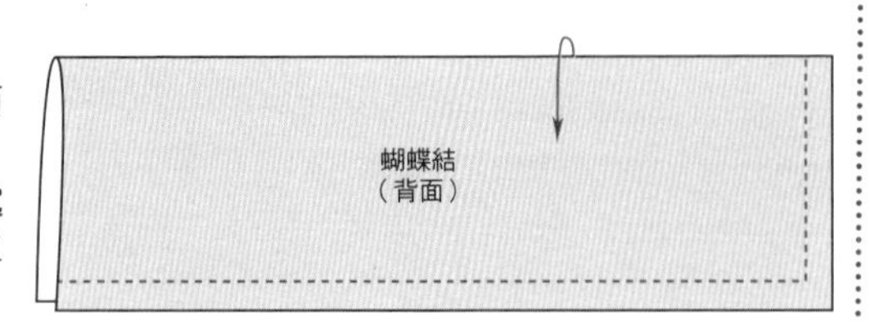
蝴蝶結
（背面）

2 翻至正面，以熨斗熨燙整理。

3 另一片依相同方法車縫。

蝴蝶結
（正面）

3 車縫前片下襬

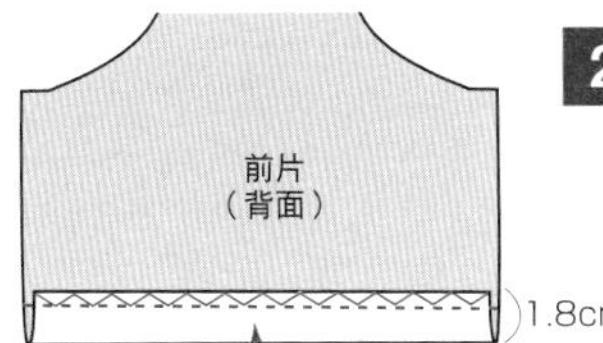
前片
（背面）
1.8cm

1 前片下襬進行Z字形車縫。

2 前片下襬內摺2cm，車縫邊端1.8cm。

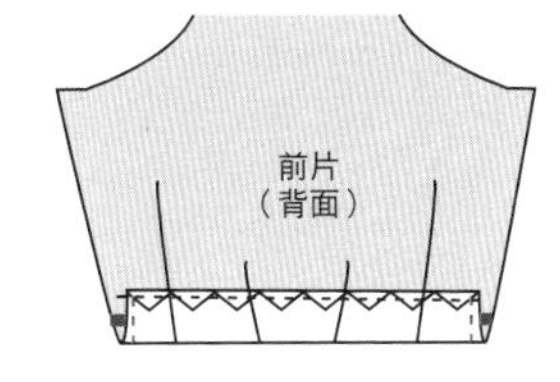
前片
（背面）

3 裁剪9.5cm鬆緊帶，穿過下襬。為避免脫落，兩端車縫固定。

4 車縫肩線・頸圍・袖襬

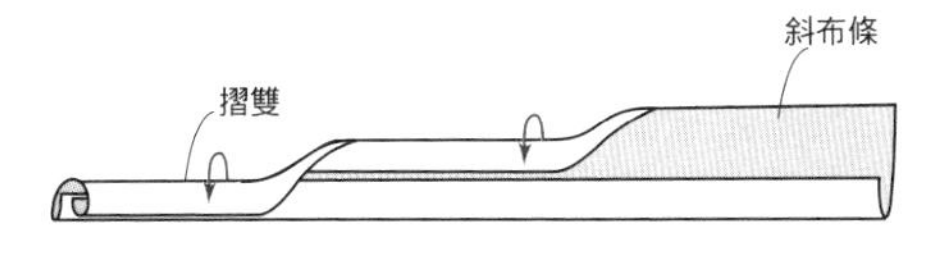
斜布條
摺雙

1 頸圍、袖襬斜布條依1cm寬度四摺邊，以熨斗熨燙製作摺痕，攤開斜布條。

2 車縫前後片肩線縫份1cm處。縫份進行Z字形車縫。

3 後片邊端進行Z字形車縫。

4 另一片依相同方法車縫。

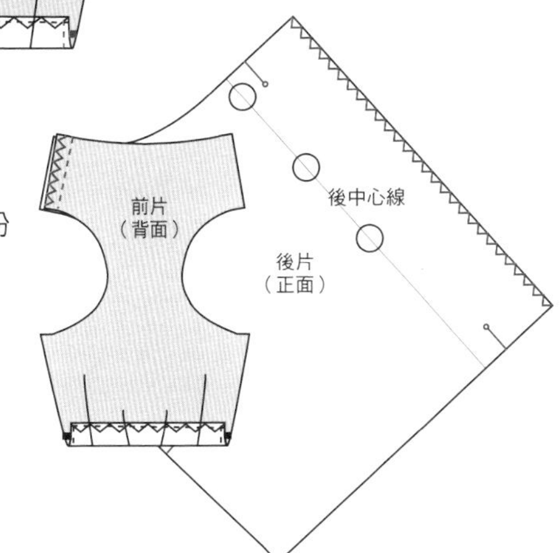
前片
（背面）
後中心線
後片
（正面）

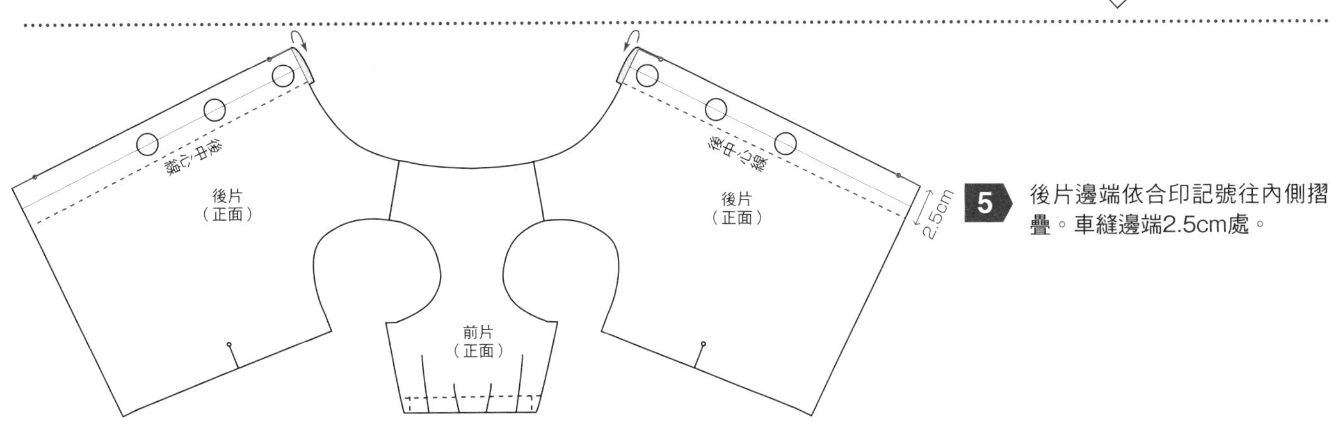
後中心線
後片
（正面）
後中心線
後片
（正面）
2.5cm
前片
（正面）

5 後片邊端依合印記號往內側摺疊。車縫邊端2.5cm處。

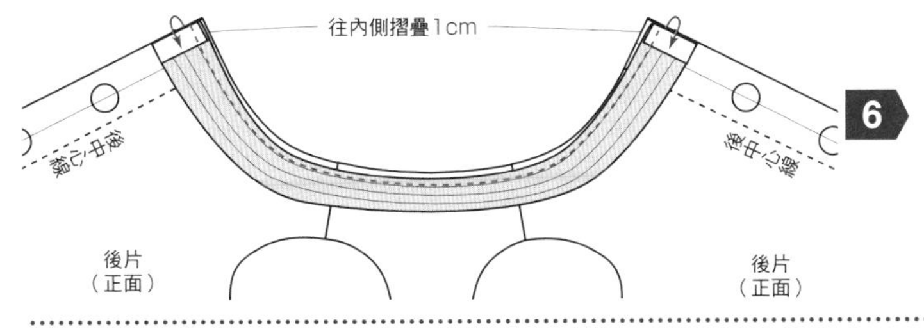
往內側摺疊1cm
後中心線
後中心線
後片
（正面）
後片
（正面）

6 頸圍用斜布條兩端往內摺疊1cm。從後片合印記號至合印記號（參考步驟**5**）重疊。沿著斜布條摺線進行車縫。

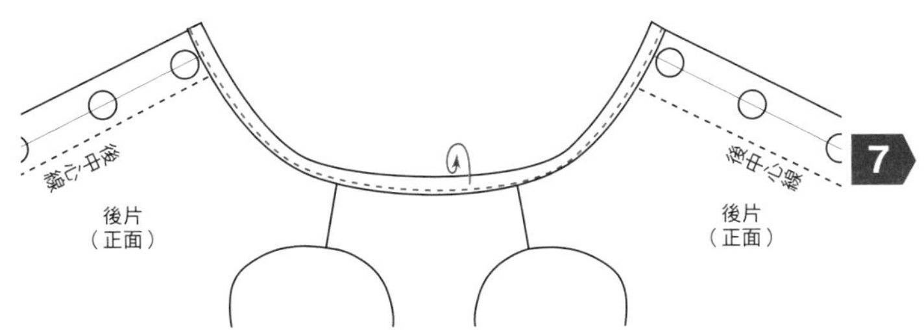
後中心線
後中心線
後片
（正面）
後片
（正面）

7 沿著斜布條摺線四摺邊後，包捲內側縫線。從邊端正面車縫。

8 袖襱和斜布條正面相對疊合，以珠針固定，沿著斜布條褶線進行車縫。

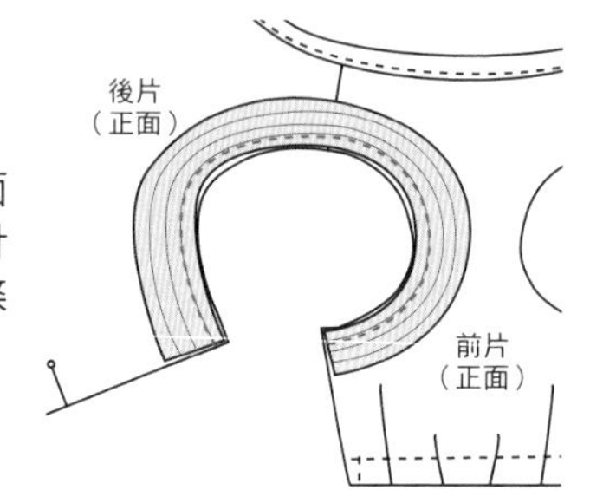
後片
（正面）
前片
（正面）

9 沿著斜布條褶線四摺邊後，包捲內側縫線。從邊端正面車縫。

10 另一側袖襱依相同方法車縫。

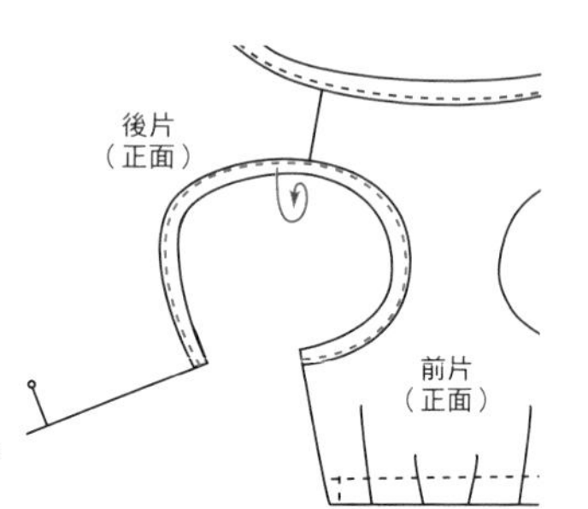
後片
（正面）
前片
（正面）

5 接縫後片和裙片

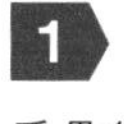

重疊後片兩片後中心線。以珠針固定避免移動。

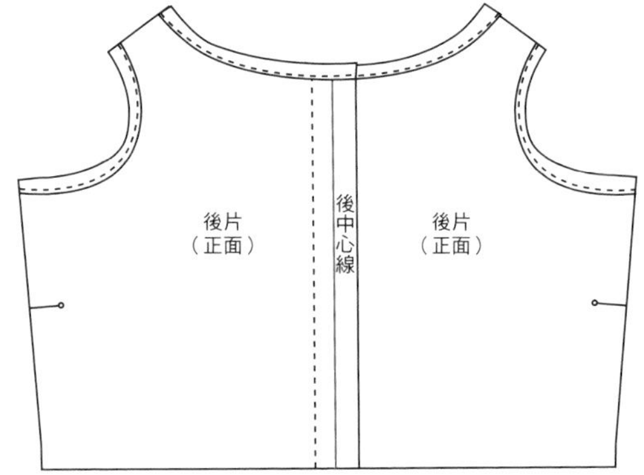
後片
（正面）
後中心線
後片
（正面）

2 後片和裙片正面相對疊合，縫份車縫1cm處。布料邊端進行Z字形車縫。

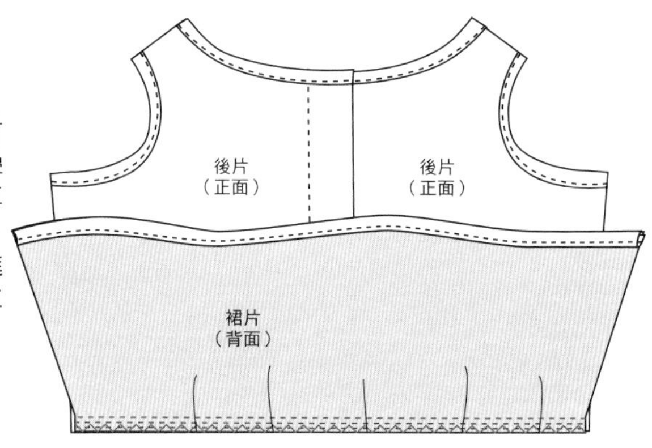
後片
（正面）
後片
（正面）
裙片
（背面）

6 車縫脇線・裙片兩端

1 前後片脇邊正面相對疊合，縫份車縫1cm處。重疊裙片和後片縫線、包夾蝴蝶結。布料邊端進行Z字形車縫。連同裙片下襬一起進行Z字形車縫。

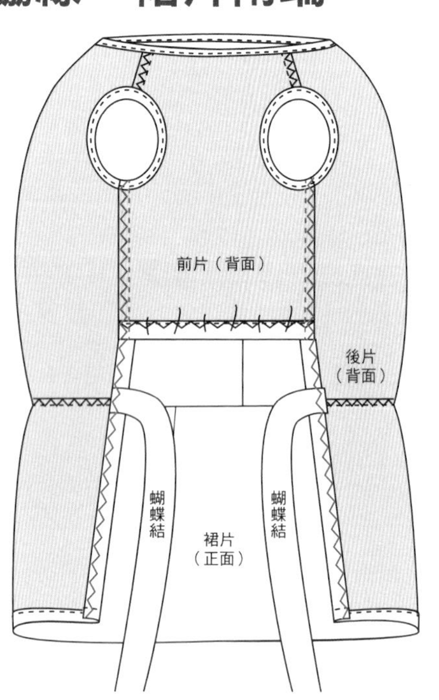
前片（背面）
後片
（背面）
蝴蝶結
蝴蝶結
裙片
（正面）

2 衣服翻至正面，裙片兩端往內側摺疊1cm，縫份車縫0.8cm處。

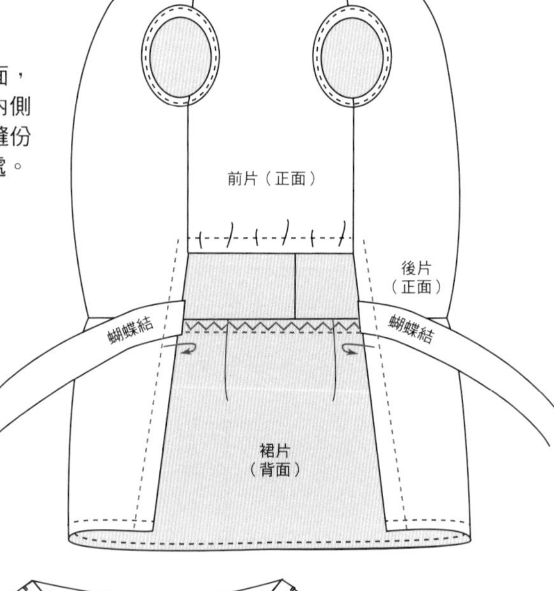
前片（正面）
後片
（正面）
蝴蝶結
蝴蝶結
裙片
（背面）

7 裝上裝飾釦和暗釦

1 表面裝上3顆裝飾釦，3組暗釦。（位置請參考紙型）

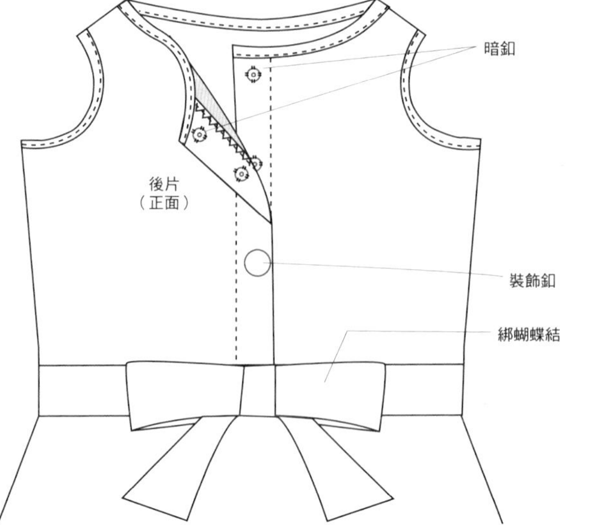
暗釦
後片
（正面）
裝飾釦
綁蝴蝶結

連帽登山服

材料

- 寬110cm×50cm防水布
  （前片・後片・帽子・袖子・口袋・
  袋蓋・牽繩絆・斜布條）
- 暗釦 6組
- 45cm鬆緊帶圓繩 1條
- 12cm平織鬆緊帶 2條

完成成品

裁布圖

防水布

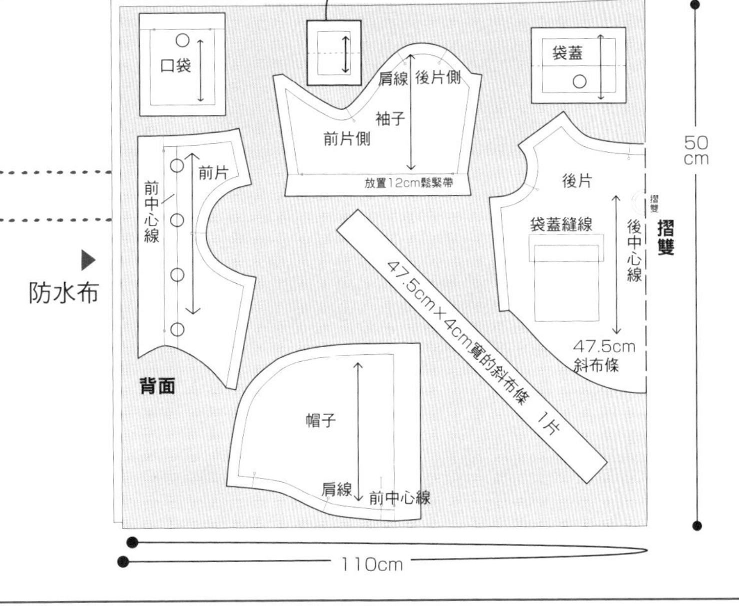

牽繩絆
口袋
袋蓋
肩線
後片側
袖子
前片側
放置12cm鬆緊帶
前片
前中心線
後片
袋蓋縫線
後中心線
摺雙
背面
47.5cm×4cm寬的斜布條 1片
47.5cm 斜布條
帽子
肩線
前中心線
50 cm
110cm

製作順序

1 製作帽子

1

帽子正面相對疊合，以珠針固定。縫份車縫1cm處，布料邊端進行Z字形車縫。

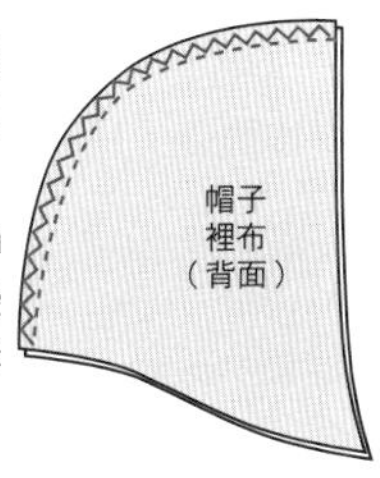

帽子
裡布
（背面）

2

攤開帽子，帽口進行Z字形車縫。

3

製作1cm釦眼兩個。
（位置請參考紙型）

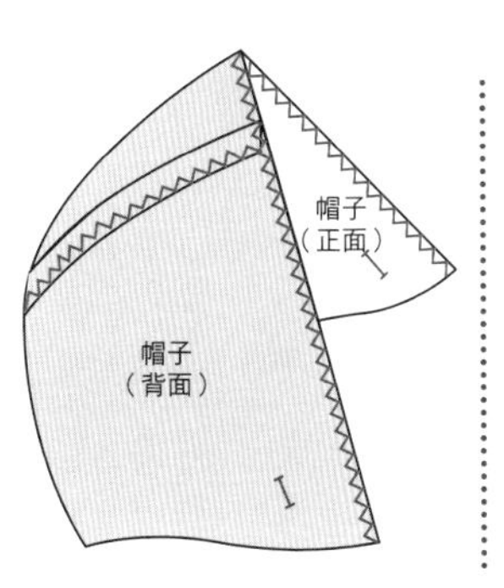

帽子
（正面）
帽子
（背面）

4

帽口內摺2.5cm，邊端車縫2.3cm處。

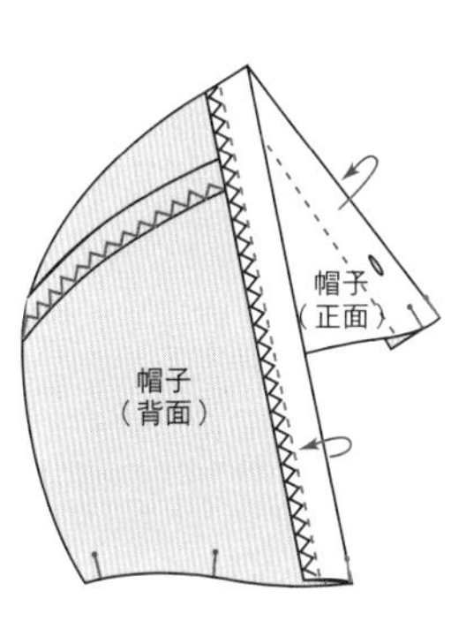

帽子
（正面）
帽子
（背面）

2 製作牽繩絆

1

1cm
牽繩絆
（背面）

牽繩絆正面相對疊合，縫份車縫1cm處。

2

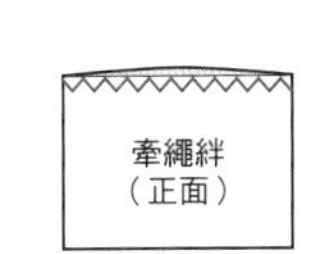

牽繩絆
（正面）

翻至正面，兩片一起進行Z字形車縫。

3

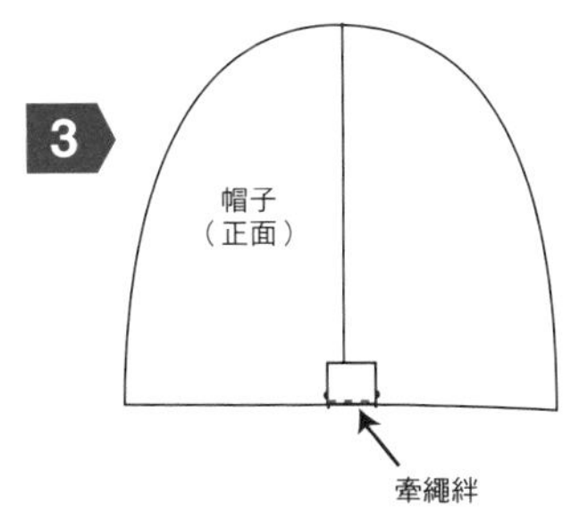

帽子
（正面）
牽繩絆

牽繩絆和後片中心重疊，縫份車縫。

4

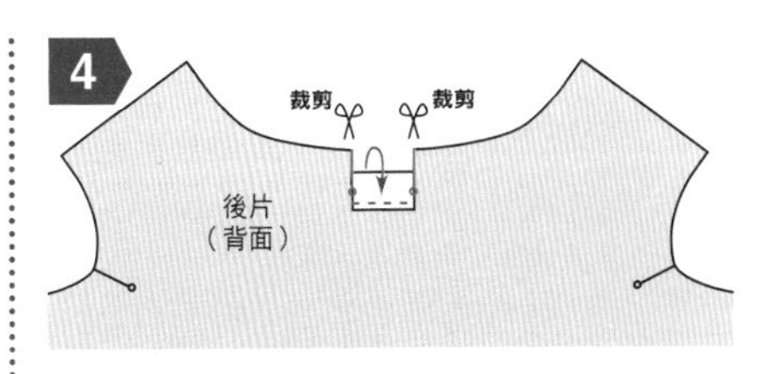

裁剪
裁剪
後片
（背面）

後片頸圍合印記號剪1cm牙口，倒向內側車縫，製作牽繩絆。

3 製作口袋・接縫

袋蓋
（背面）

1 袋蓋正面相對疊合，車縫1cm縫份處。

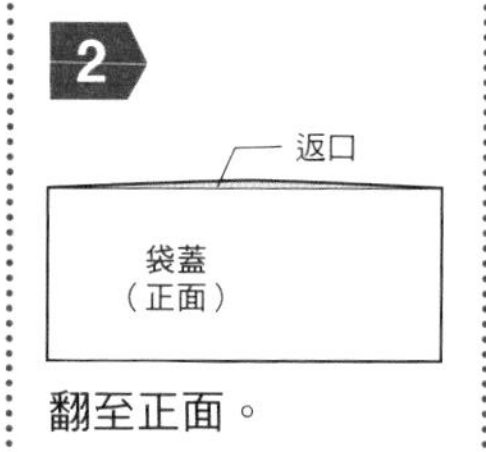

返口
袋蓋
（正面）

2 翻至正面。

口袋
（背面）

3 口袋口進行Z字形車縫。

4 依合印記號口袋口往內側摺疊，車縫邊端1.2cm處。

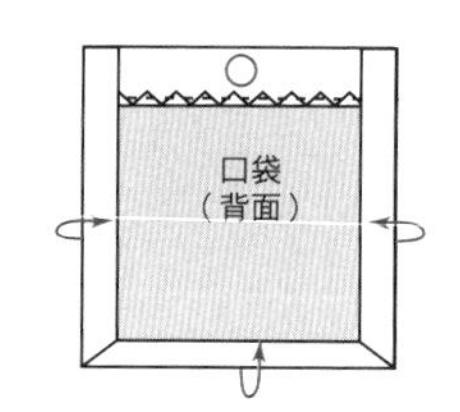

口袋
（背面）

5 口袋口周圍往內側摺疊，以熨斗熨燙整理。

6 口袋裝上暗釦。（位置請參考紙型）

7 口袋車縫至後片側。

8 後片放置袋蓋，車縫邊端0.5 cm處。

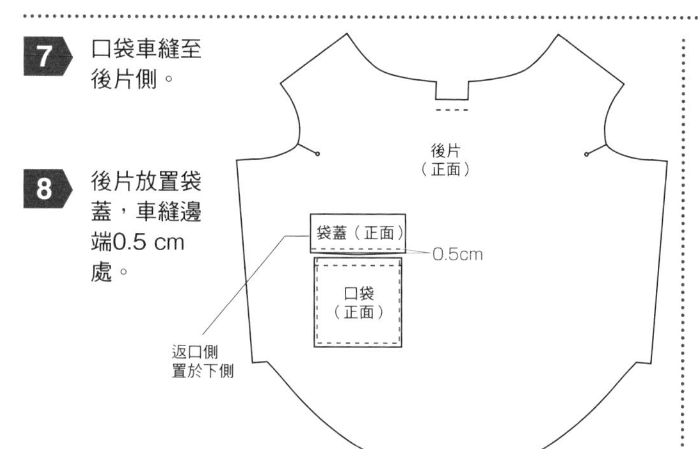

後片
（正面）
袋蓋（正面）
0.5cm
口袋
（正面）
返口側
置於下側

9 袋蓋翻下，車縫邊端0.5 cm處。

10 袋蓋裝上暗釦。（位置請參考紙型）

11 另一側口袋依相同方法車縫。

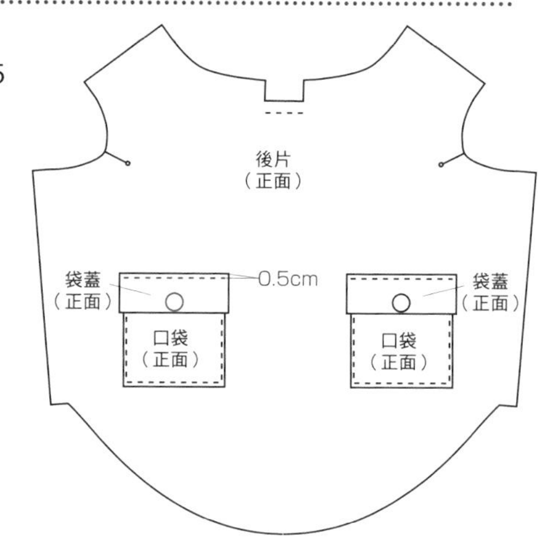

後片
（正面）
袋蓋
（正面）
0.5cm
袋蓋
（正面）
口袋
（正面）
口袋
（正面）

4 車縫肩線和脇線

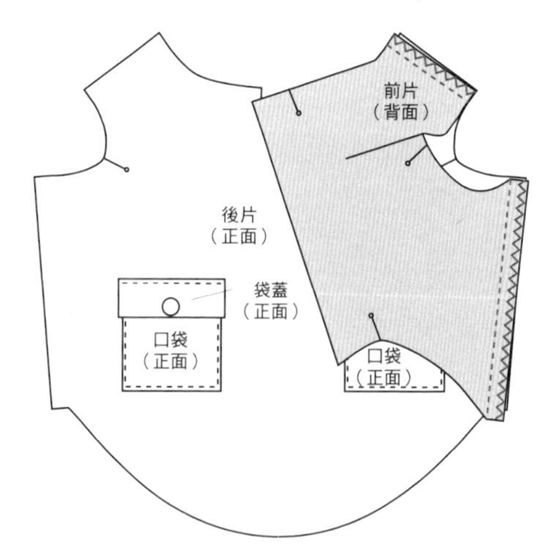

前片
（背面）
後片
（正面）
袋蓋
（正面）
口袋
（正面）
口袋
（正面）

1 前後片肩線正面相對疊合，車縫縫份1cm處。布料邊端進行Z字形車縫。

2 前後片脇邊對齊，車縫縫份1cm處。布料邊端進行Z字形車縫。

3 另一側依相同方法車縫。

5 製作袖子・接縫

1 袖口進行Z字形車縫。

2 袖口縫份往內側摺疊2cm，車縫邊端1.8cm處。

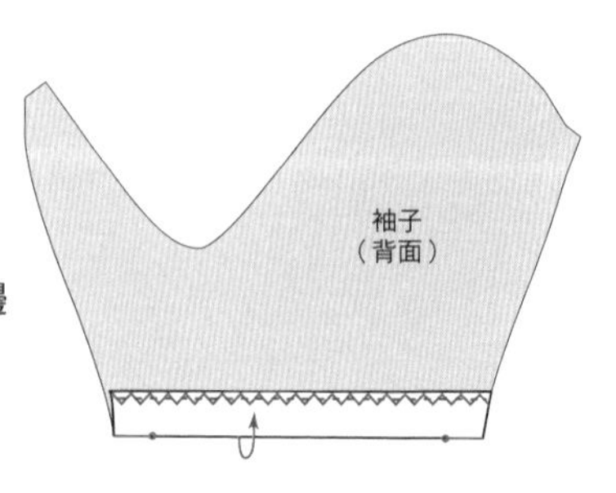

袖子
（背面）

3

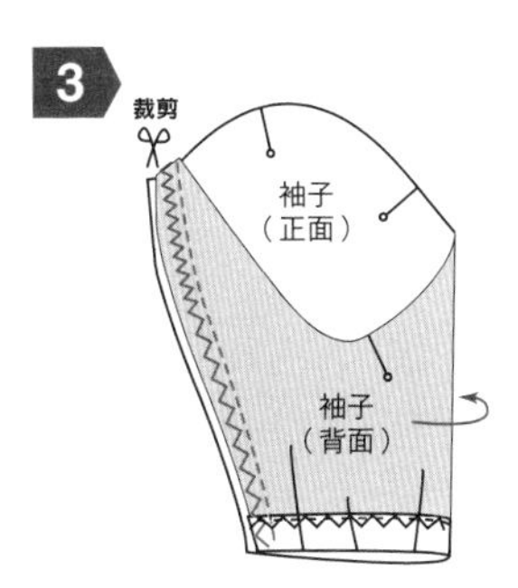
裁剪
袖子
（正面）
袖子
（背面）

袖子對摺，車縫縫份1cm處。布料邊端進行Z字形車縫。

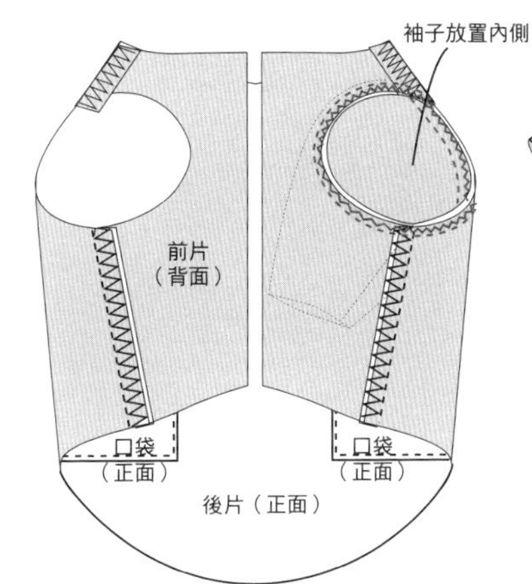
袖子放置內側
前片
（背面）
口袋
（正面）
口袋
（正面）
後片（正面）

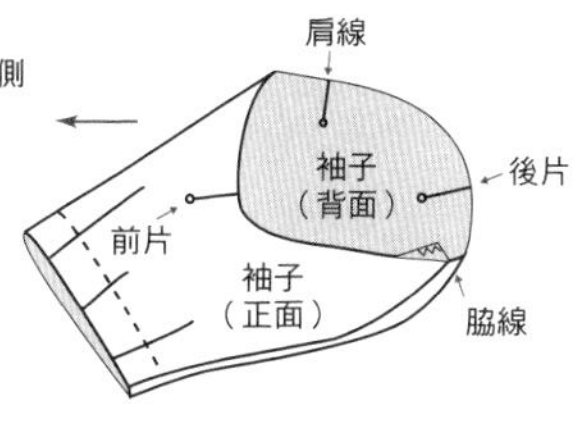
肩線
袖子
（背面）
後片
前片
袖子
（正面）
脇線

4 袖子翻至正面。

5 注意不要搞錯左右袖子位置，袖子和身片正面相對疊合，車縫袖襱縫份1cm處。邊端進行Z字形車縫。

6 另一側袖子也依相同方法車縫。

6 接縫帽子・車縫前端

1 前片邊端進行Z字形車縫。

2 帽子如圖所示，重疊身片合印記號，以珠針固定。

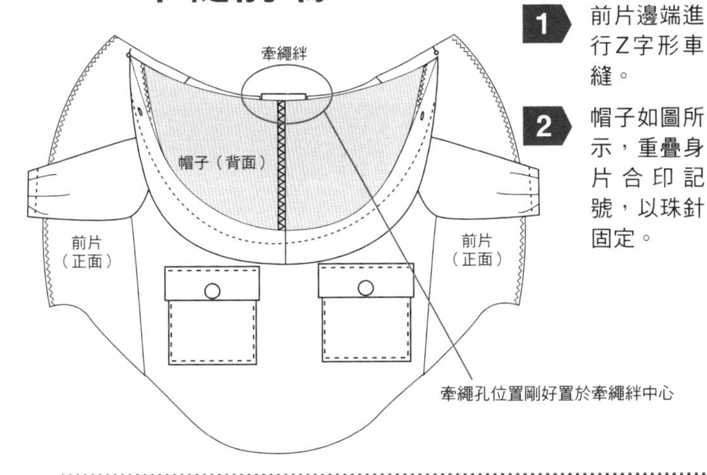
牽繩絆
帽子（背面）
前片
（正面）
前片
（正面）
牽繩孔位置剛好置於牽繩絆中心

3 依身片合印記號包夾帽子，翻至正面。

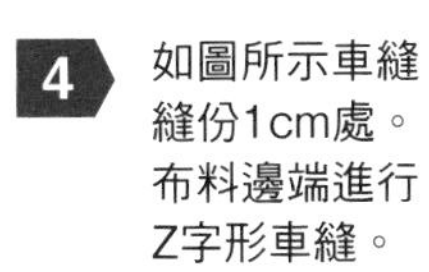

4 如圖所示車縫縫份1cm處。布料邊端進行Z字形車縫。

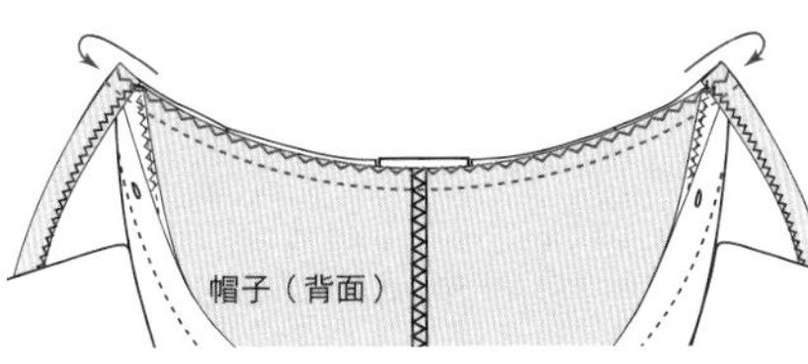
帽子（背面）

5 依身片合印記往內側摺疊，車縫邊端2.2cm處。

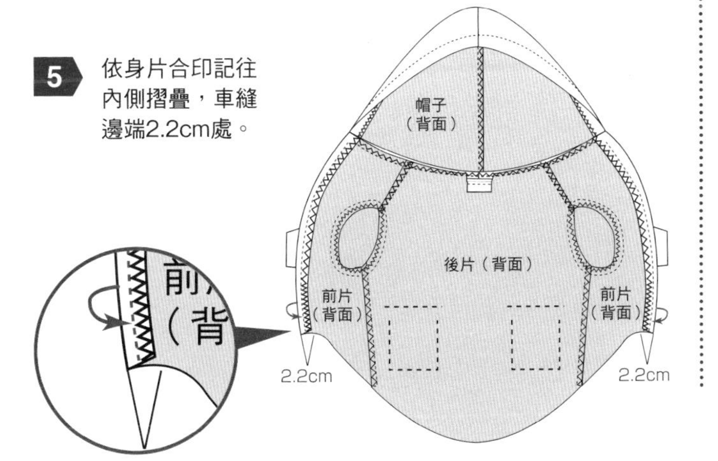
帽子
（背面）
後片（背面）
前片
（背面）
前片
（背面）
2.2cm
2.2cm

7 車縫下襬

1 下襬斜布條依1cm寬度四摺邊，以熨斗熨燙製作摺線，攤開斜布條。

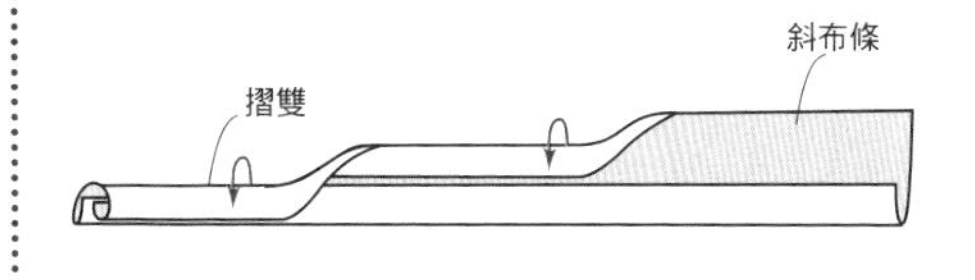
斜布條
摺雙

2 對齊斜布條和後片下襬，兩端往內摺疊1cm。

3 車縫斜布條縫份1cm處。

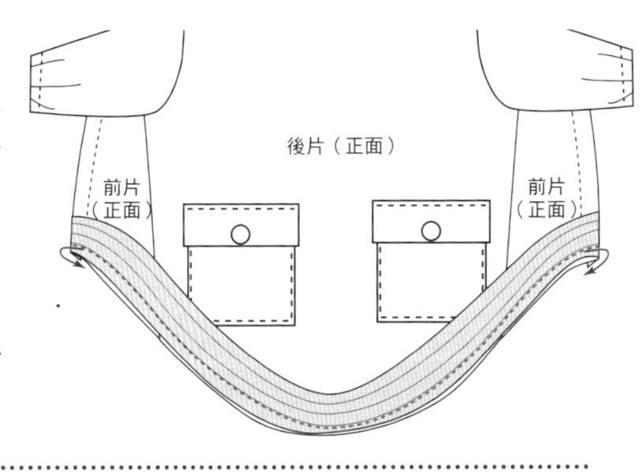
後片（正面）
前片
（正面）
前片
（正面）

4 斜布條沿摺線四摺邊後，包捲內側縫線。從邊端正面車縫。

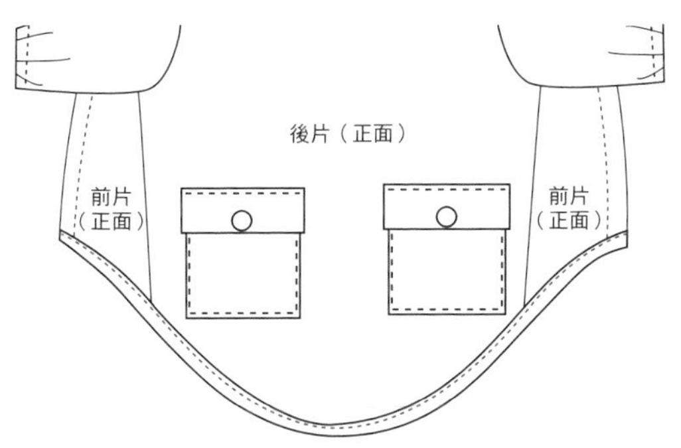
後片（正面）
前片
（正面）
前片
（正面）

8 帽子穿過鬆緊帶

1

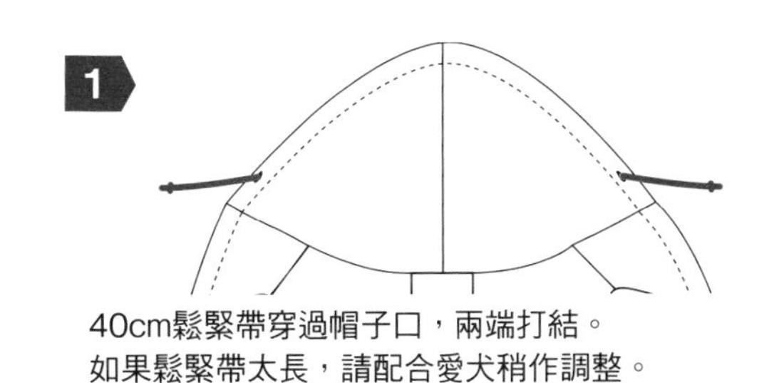

40cm鬆緊帶穿過帽子口，兩端打結。
如果鬆緊帶太長，請配合愛犬稍作調整。

蝴蝶結坦克背心

材料

- 寬50cm×40cm 天竺針織布（前片・後片・下襬羅紋布）
- 寬40cm×25cm亞麻布（肩膀蝴蝶結）
- 釦絆（完成後請車縫在自己喜歡的部位）

完成成品

裁布圖

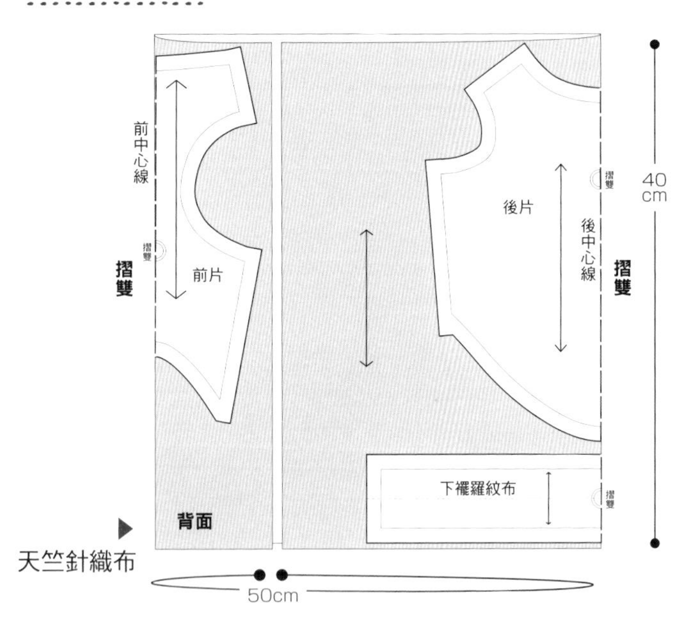
前中心線
摺雙
前片
後片
後中心線
摺雙
40cm
下襬羅紋布
摺雙
背面
天竺針織布
50cm

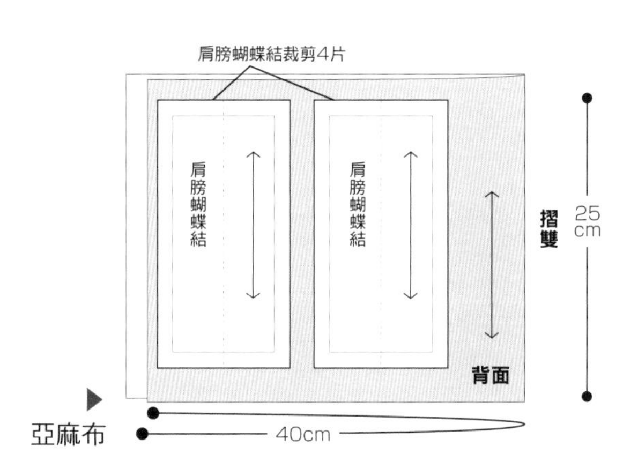
肩膀蝴蝶結裁剪4片
肩膀蝴蝶結
肩膀蝴蝶結
摺雙
25cm
背面
亞麻布
40cm

製作順序

1 製作蝴蝶結

蝴蝶結（背面）

1 蝴蝶結正面相對對摺，車縫縫份1cm處，進行L形車縫。

蝴蝶結（正面）

2 翻至正面。以熨斗熨燙整理。依相同方法製作四條。

2 車縫脇邊線

1 前後身片脇邊正面相對疊合，車縫縫份1cm處。

2 縫份進行Z字形車縫。（步驟1車縫線邊端），裁剪多餘部分。

3 另一側脇邊相同方法車縫。

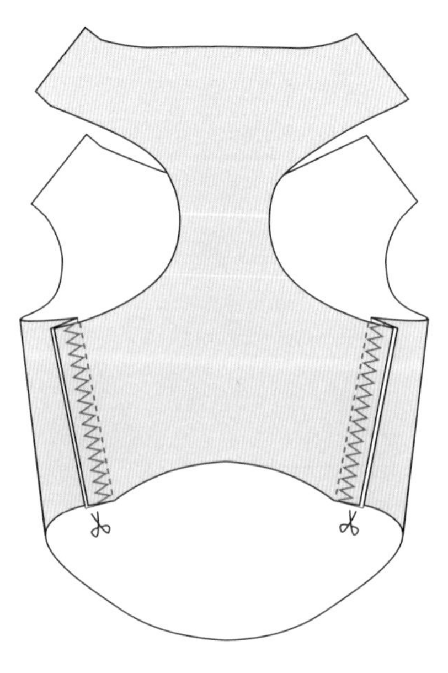

3 接縫蝴蝶結・袖襱・頸圍

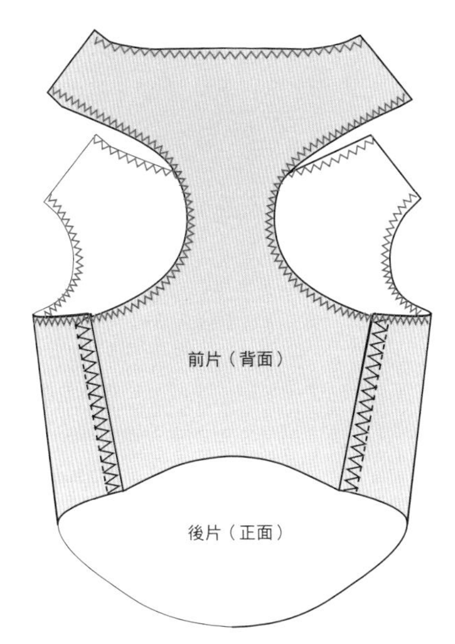
前片（背面）
後片（正面）

1 前後身片頸圍、袖襱進行Z字形車縫。

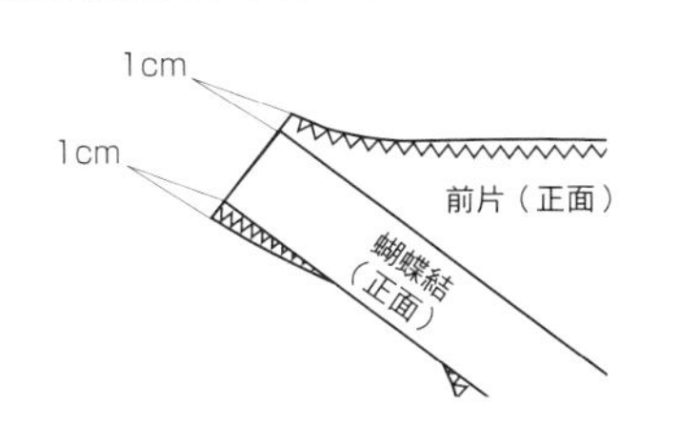
1cm
1cm
前片（正面）
蝴蝶結（正面）

2 前片肩線兩端各留1cm，間隔處重疊蝴蝶結。

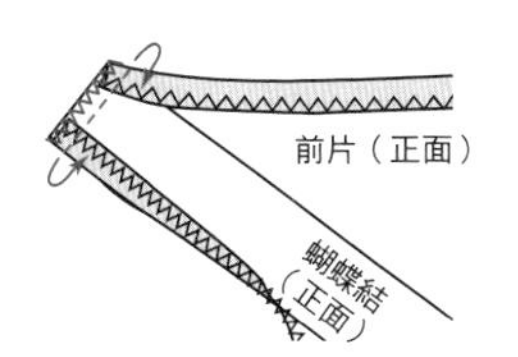
前片（正面）
蝴蝶結（正面）

3 前後身片頸圍、袖的襱往內側摺疊1cm，車縫縫份0.8cm處。

4 另一側肩線、後片肩線依相同方法車縫。

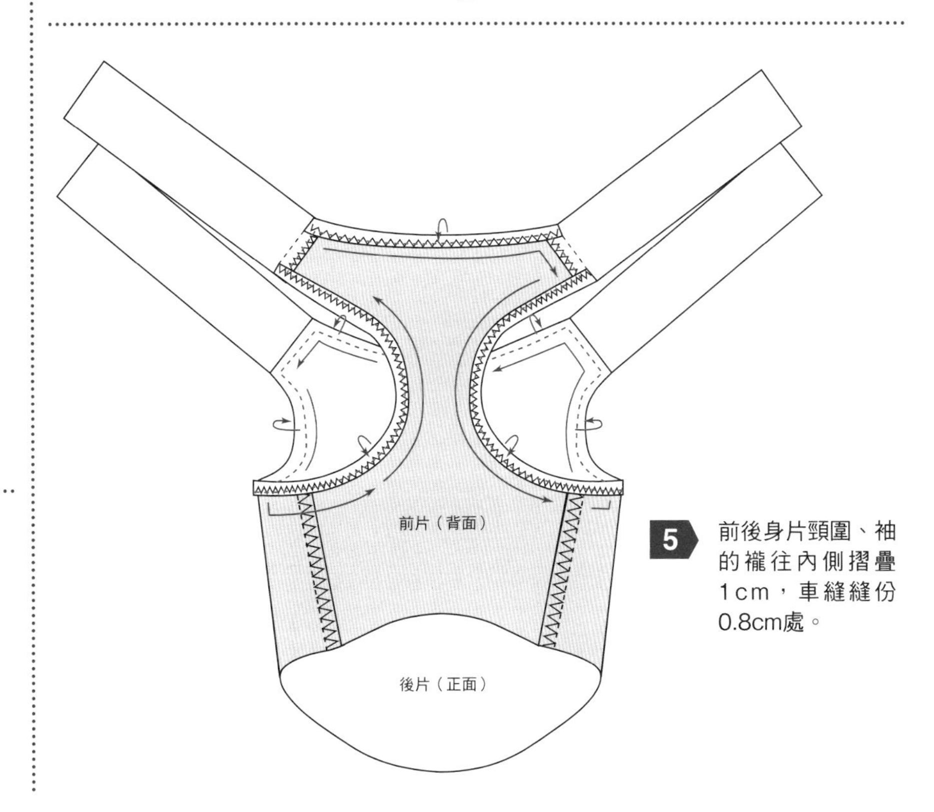
前片（背面）
後片（正面）

5 前後身片頸圍、袖的襱往內側摺疊1cm，車縫縫份0.8cm處。

4 製作下襬羅紋布，接縫下襬

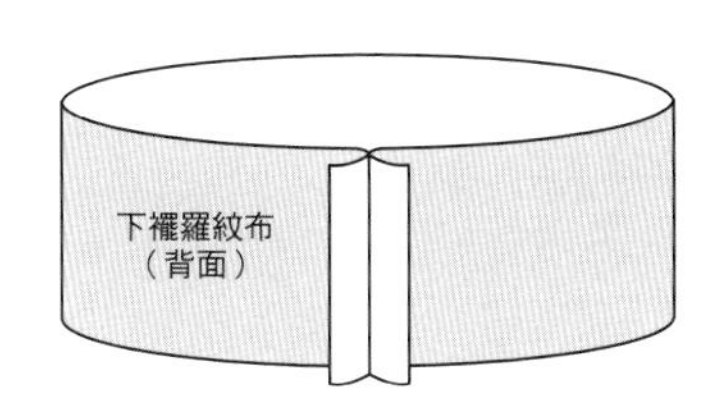
下襬羅紋布
（背面）

1 下襬羅紋布如圖所示正面相對對摺，車縫縫份1cm處，燙開縫份。

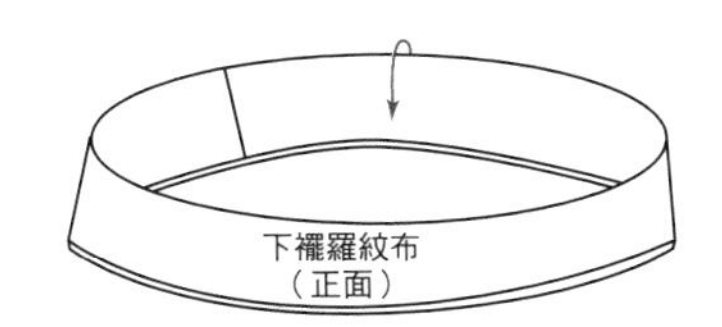
下襬羅紋布
（正面）

2 下襬羅紋布背面對摺。

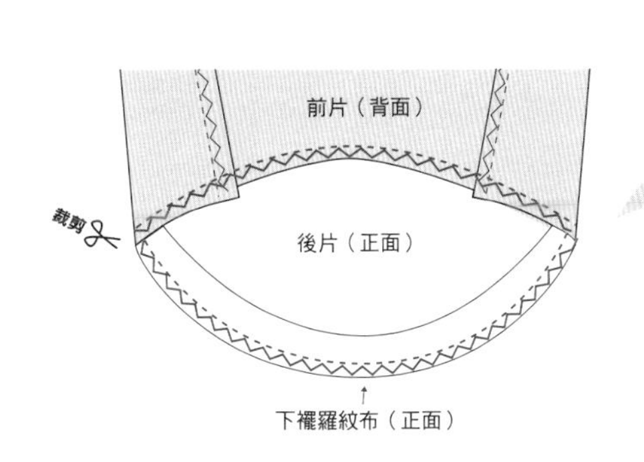
前片（背面）
裁剪
後片（正面）
下襬羅紋布（正面）

3 重疊下襬羅紋布縫線和前片前中心線，沿下襬以珠針均等固定。車縫縫份1cm處。邊端進行Z字形車縫，裁剪多餘縫份。

Point

羅紋布長度較短，車縫時請拉開羅紋布對齊下襬，以珠針均等固定。

高領坦克背心

材料

- 寬70cm×40cm彈性防水布（高領・後片）
- 寬70cm×40cm針織布（前片・羅紋袖口布・下襬羅紋布）
- 30cm鬆緊帶圓繩
- 繩釦1個

完成成品

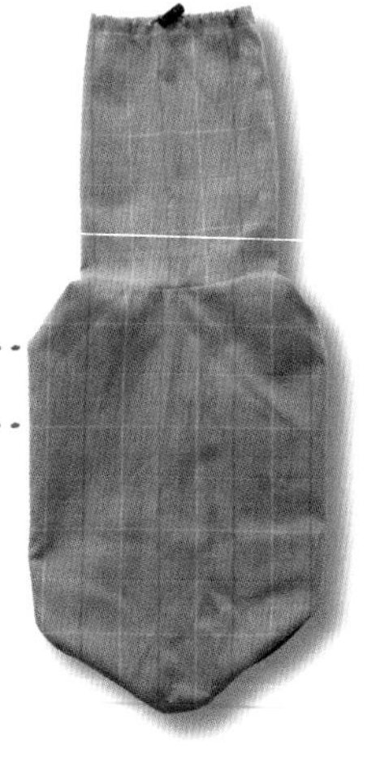

裁布圖

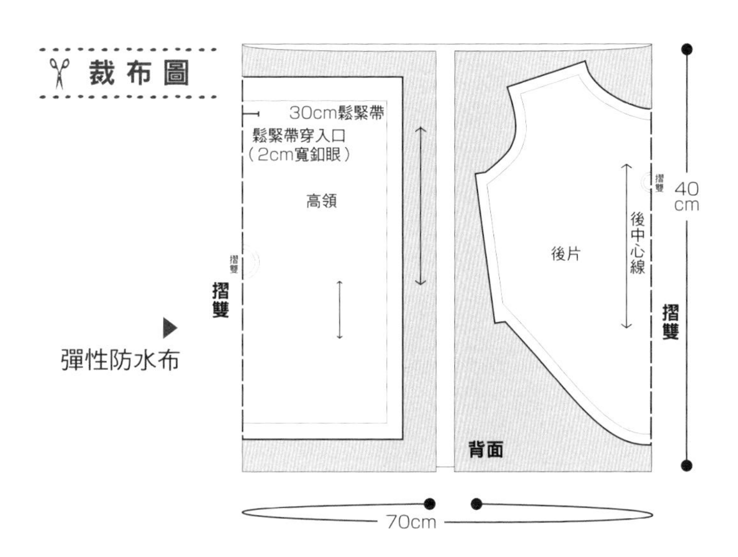
30cm鬆緊帶
鬆緊帶穿入口
（2cm寬釦眼）
高領
摺雙
彈性防水布
後片
後中心線
背面
40cm
70cm

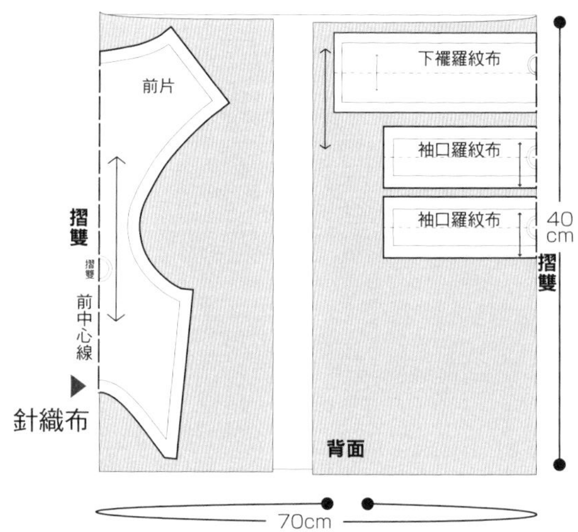
前片
摺雙
前中心線
針織布
下襬羅紋布
袖口羅紋布
袖口羅紋布
背面
40cm
70cm

製作順序

1 車縫肩線和脇邊線

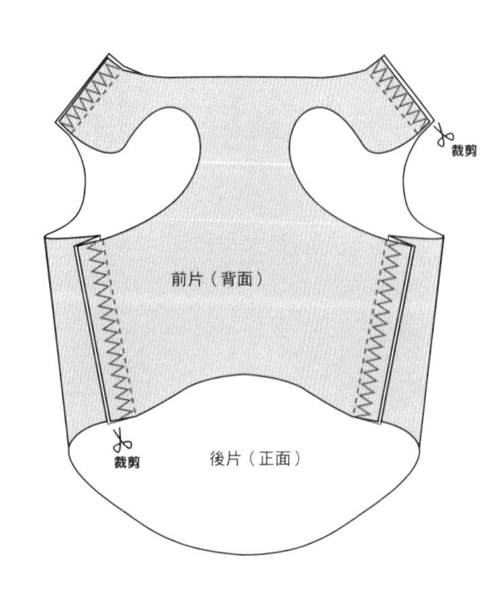
裁剪
前片（背面）
後片（正面）
裁剪

1. 前後身片脇邊正面相對疊合，車縫縫份1cm處。
2. 縫份進行Z字形車縫。（步驟1車縫線邊端），裁剪多餘部分。
3. 另一側脇邊相同方法車縫。
4. 肩線依相同方法車縫。
5. 縫份倒向前片側。

2 製作高領・接縫

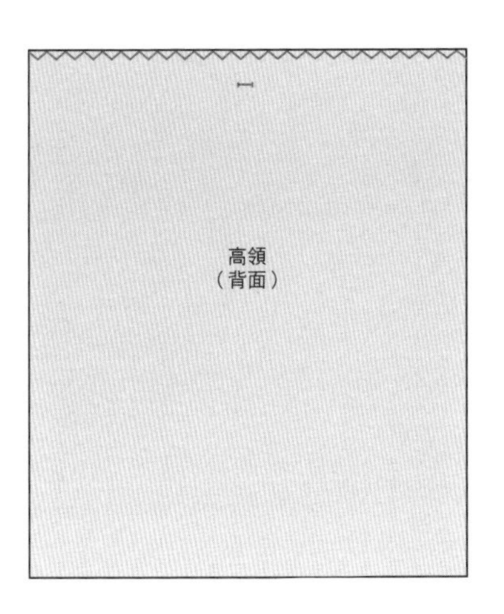
高領
（背面）

高領
（背面）

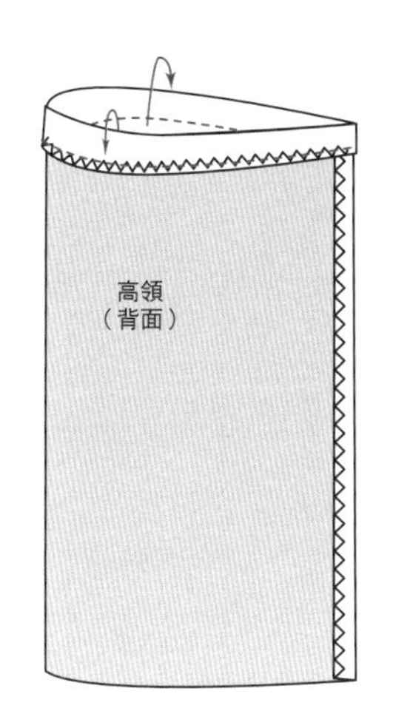
高領
（背面）

1 高領製作2cm寬的釦眼。（位置請參考紙型）

2 邊端進行Z字形車縫。

3 正面相對對摺，車縫縫份1cm處。布料邊端進行Z字形車縫。

4 縫份往內摺疊1.5cm。車縫邊端1.2cm處。

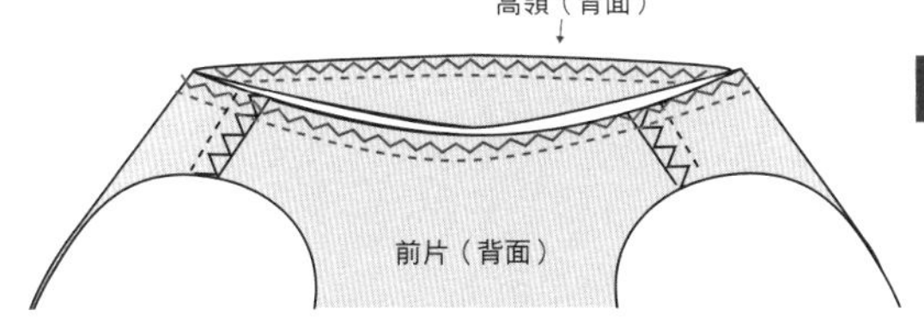
高領（背面）
前片（背面）

5 步驟1製作的釦眼為後中心，和身片頸圍正面相對疊合，縫份車縫1cm處。布料邊端進行Z字形車縫。

3 製作袖口羅紋布・下襬羅紋布・接縫

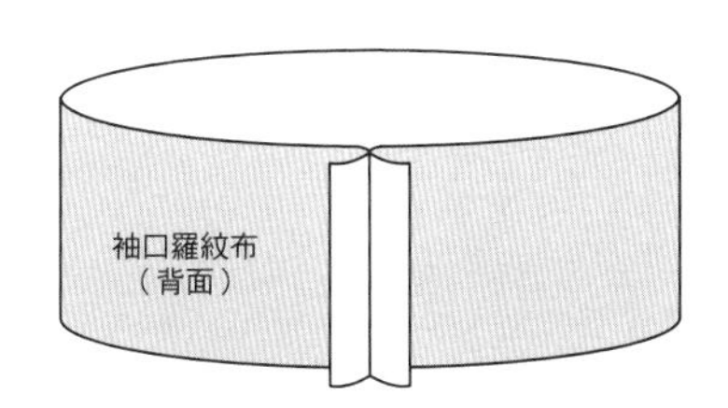
袖口羅紋布
（背面）

1 袖口羅紋布如圖所示正面相對對摺，縫份車縫1cm處，燙開縫份。

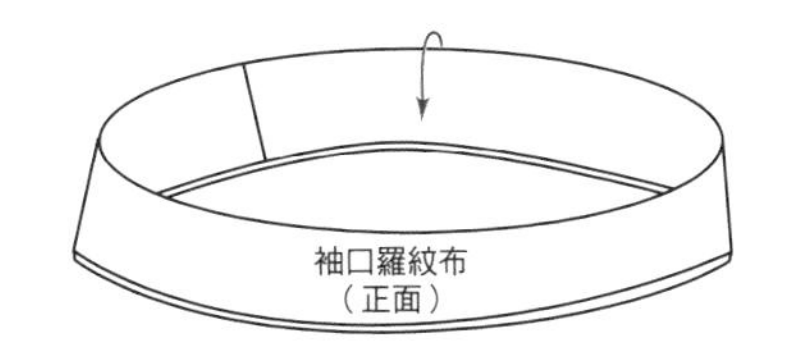
袖口羅紋布
（正面）

2 袖口羅紋布背面對摺。

3 依相同方法製作下襬羅紋布。

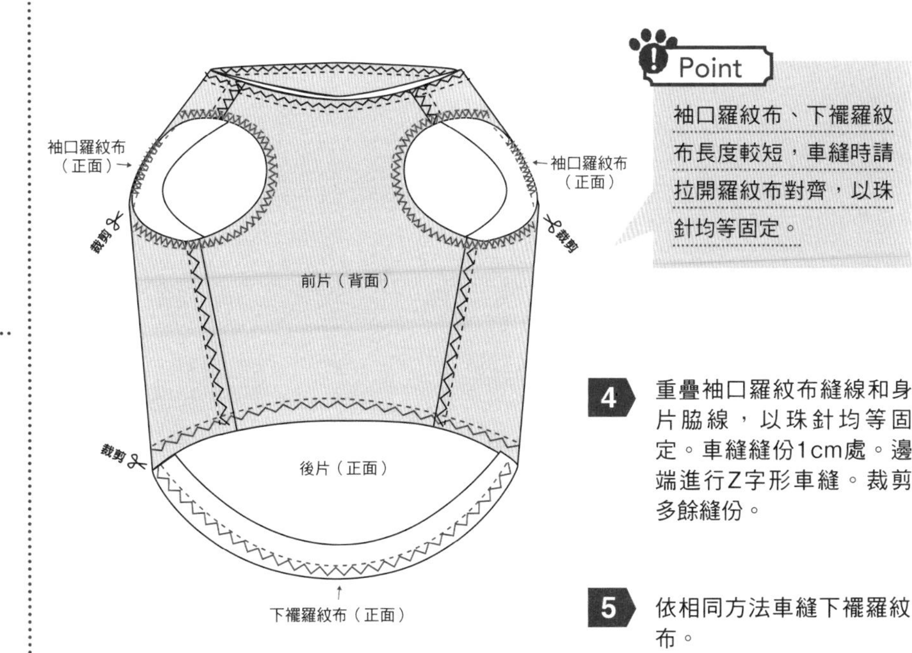
袖口羅紋布
（正面）
袖口羅紋布
（正面）
裁剪
裁剪
前片（背面）
裁剪
後片（正面）
下襬羅紋布（正面）

Point

袖口羅紋布、下襬羅紋布長度較短，車縫時請拉開羅紋布對齊，以珠針均等固定。

4 重疊袖口羅紋布縫線和身片脇線，以珠針均等固定。車縫縫份1cm處。邊端進行Z字形車縫。裁剪多餘縫份。

5 依相同方法車縫下襬羅紋布。

褶襉細肩帶上衣

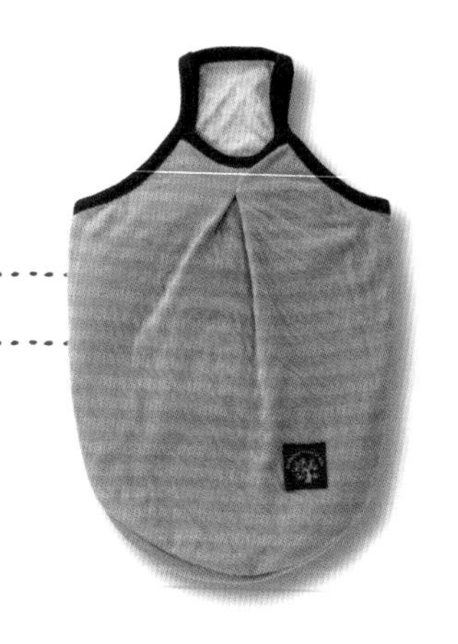

材料

- 寬70cm×45cm條紋接結針織布（前片・後片・下襬羅紋布）
- 寬4cm×85.5cm針織布織帶
- 釦絆（完成後請車縫在自己喜歡的部位）

完成成品

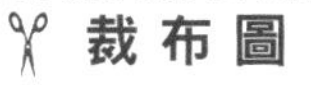

裁布圖

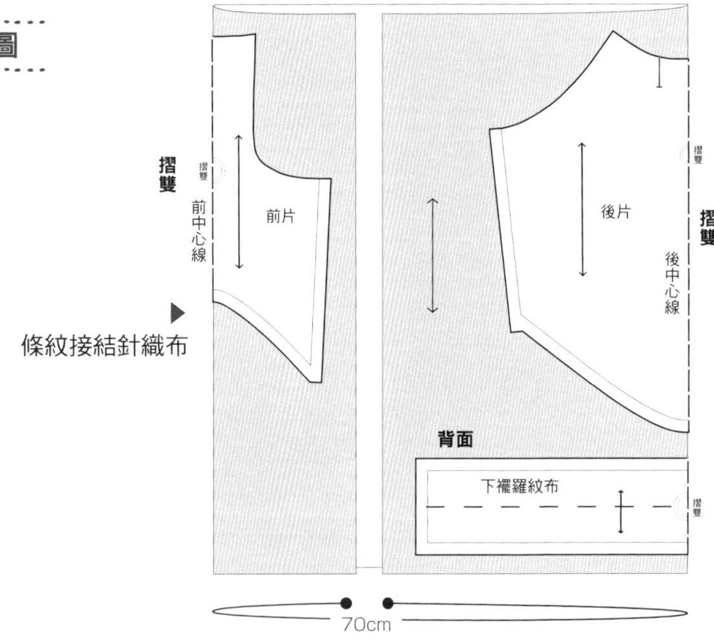

摺雙
前中心線
前片
後片
摺雙
後中心線
45cm
條紋接結針織布
背面
下襬羅紋布
摺雙
70cm

製作順序

1 後片製作褶襉

1 後片如圖所示正面相對疊合，車縫3cm。製作褶襉。

3cm
後片（背面）

2 車縫脇邊

1 前後身片脇邊正面相對疊合，車縫縫份1cm處。

2 縫份進行Z字形車縫。（步驟1車縫線邊端），裁剪多餘部分。

3 另一側脇邊依相同方法車縫。

4 縫份倒向前片側。

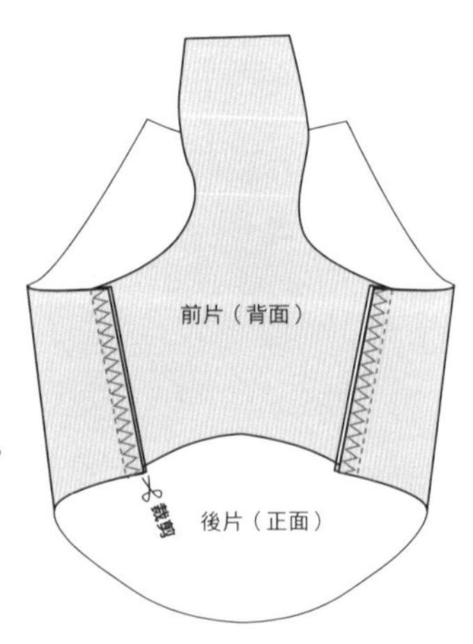

前片（背面）
裁剪
後片（正面）

3 前後片頸圍車縫針織布織帶

1 裁剪前片用7.5cm、後片9cm針織布織帶，正面相對疊合固定在頸圍，車縫縫份1cm處。

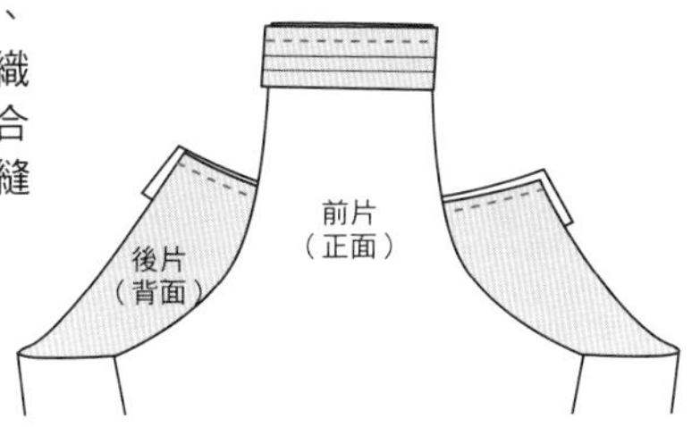
前片
（正面）
後片
（背面）

2 針織布織帶沿著褶線返摺，包捲內側縫線。從邊端表面車縫。

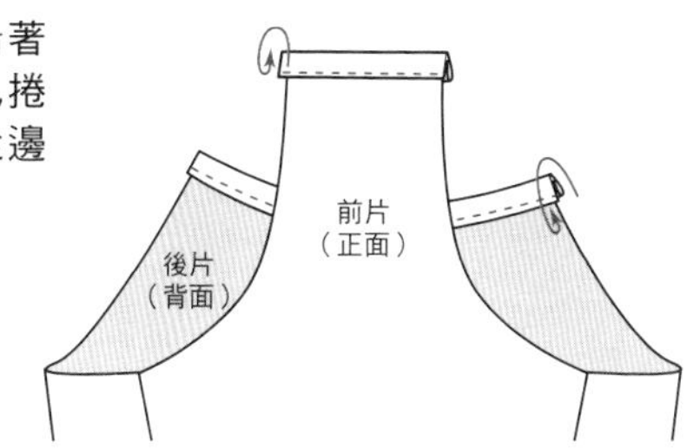
前片
（正面）
後片
（背面）

4 接縫肩繩

1 攤開針織布織帶，裁剪34.5cm兩條，車縫縫份1cm處並燙開。

針織布織帶
（背面）

2 針織布織帶縫線，對齊身片脇邊以珠針固定。

3 從步驟**2**，前後身片以珠針均等固定。肩繩需為6cm，如果長度不夠，調整身片位置，確保肩繩的尺寸。

（前片袖襱的長度較長，請以前片3：後片1的比例錯開）

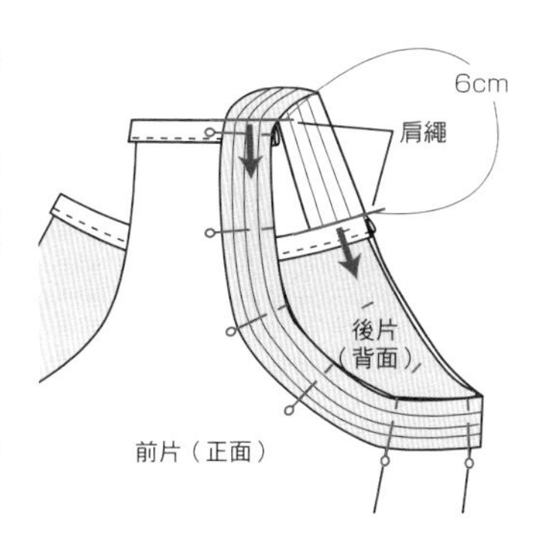
6cm
肩繩
後片
（背面）
前片（正面）

4 沿著前後身片車縫縫份1cm處。

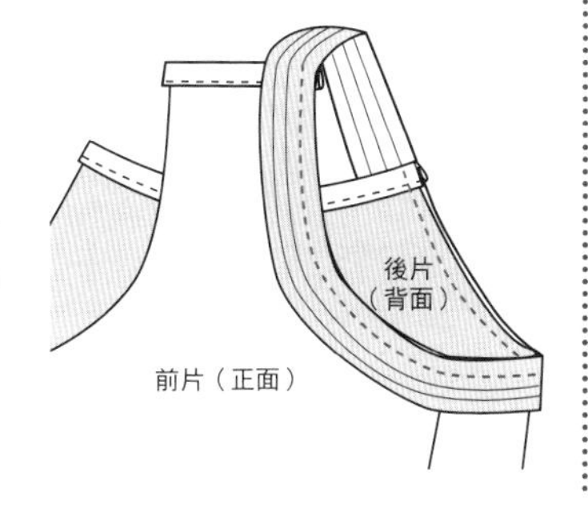
後片
（背面）
前片（正面）

5 針織布織帶沿著褶線返摺，包捲內側縫線。從邊端正面車縫。

6 另一側依相同方法車縫。

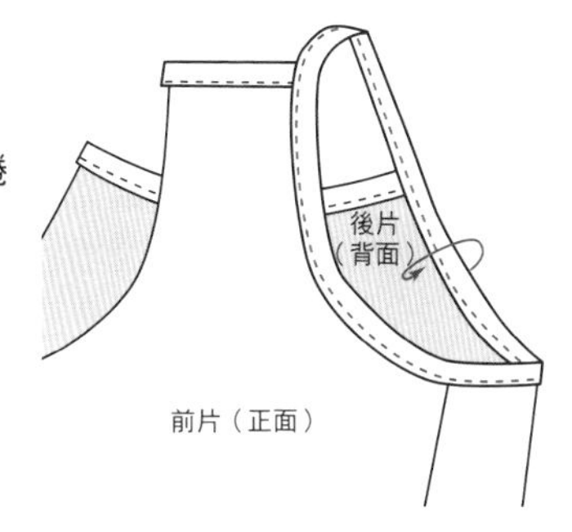
後片
（背面）
前片（正面）

5 製作下襬羅紋布・接縫

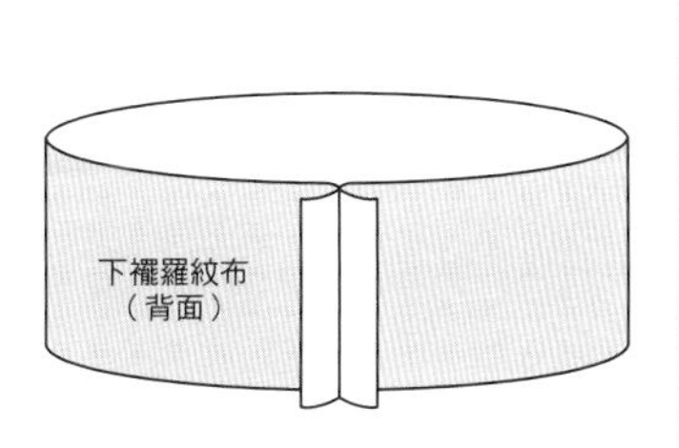
下襬羅紋布
（背面）

1 下襬羅紋布如圖所示正面相對對摺，車縫縫份1cm處，燙開縫份。

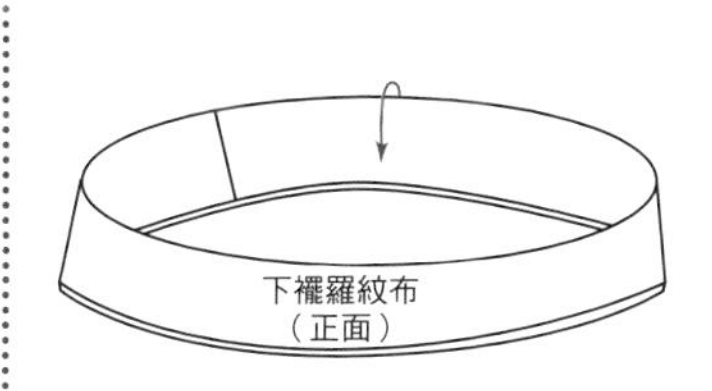
下襬羅紋布
（正面）

2 下襬羅紋布背面對摺。

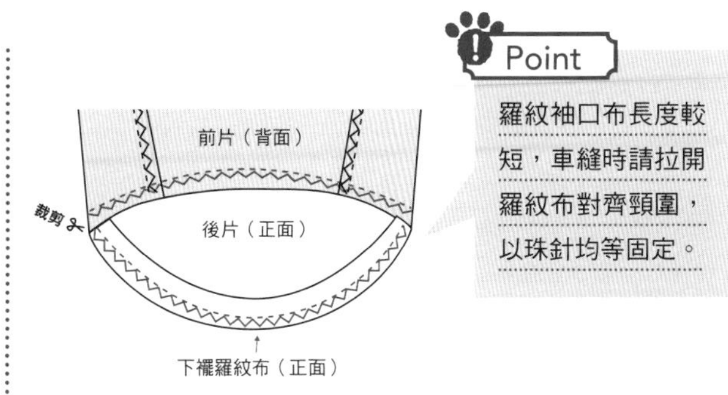
前片（背面）
裁剪
後片（正面）
下襬羅紋布（正面）

3 重疊下襬羅紋布縫線和身片前中心線，下襬羅紋布以珠針均等固定。車縫縫份1cm處。邊端進行Z字形車縫。裁剪多餘縫份。

Point

羅紋袖口布長度較短，車縫時請拉開羅紋布對齊頸圍，以珠針均等固定。

背面剪接坦克背心

材料

- 寬110cm×40cm針織布（前片・剪接片・下襬羅紋布・頸圍羅紋布・袖口羅紋布用）
- 寬70cm×25cm 精梳棉布（後片・蝴蝶結用）

完成成品

裁布圖

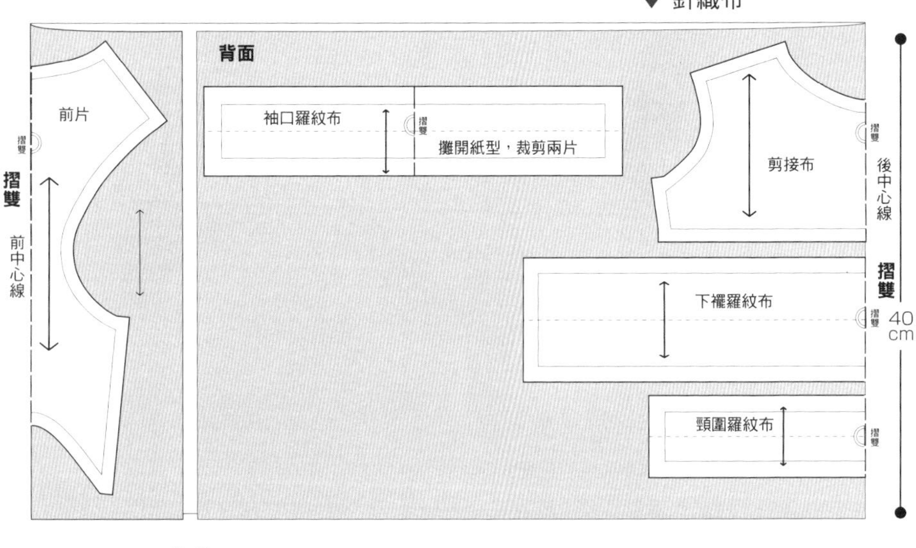
▼ 針織布
背面
前片
摺雙
前中心線
袖口羅紋布
攤開紙型，裁剪兩片
剪接布
後中心線
下襬羅紋布
頸圍羅紋布
40 cm

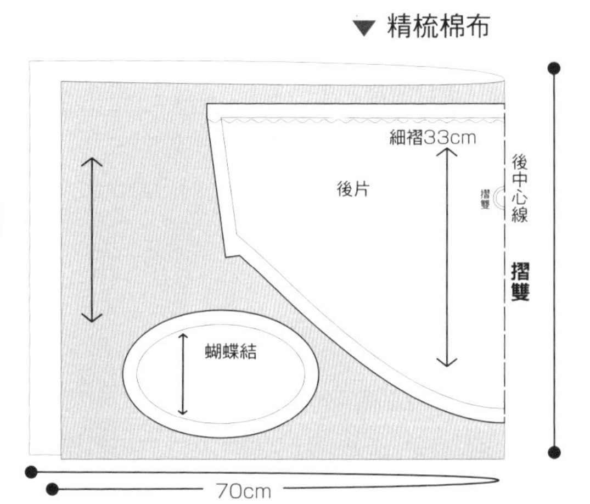
▼ 精梳棉布
細褶33cm
後片
後中心線
摺雙
蝴蝶結
70cm

製作順序

1 製作後片

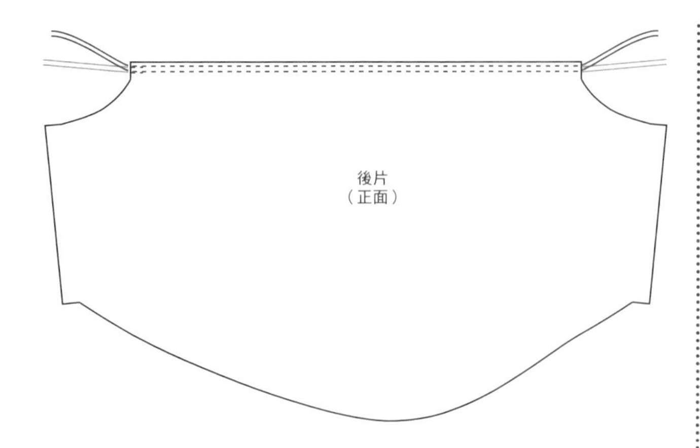
後片
（正面）

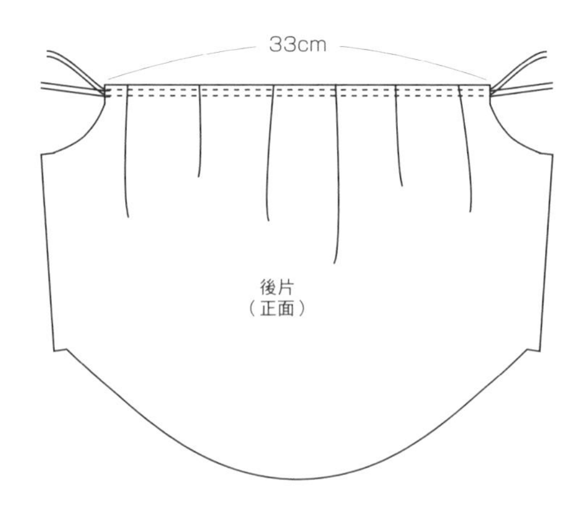
33cm
後片
（正面）

1. 如圖所示後片粗針目車縫（縫紉機針趾約調成4左右）兩條。始縫、止縫點無需回針縫，並預留多點縫線長度。

2. 抽拉上線至長約33cm。上下線打結固定細褶形狀。

3

後片和剪接片正面相對疊合，車縫縫份1cm處。布料邊端進行Z字形車縫。

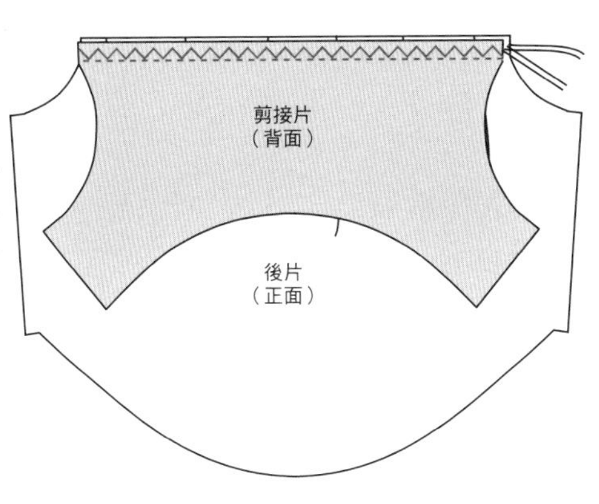

剪接片
（背面）
後片
（正面）

2 車縫肩線和脇線

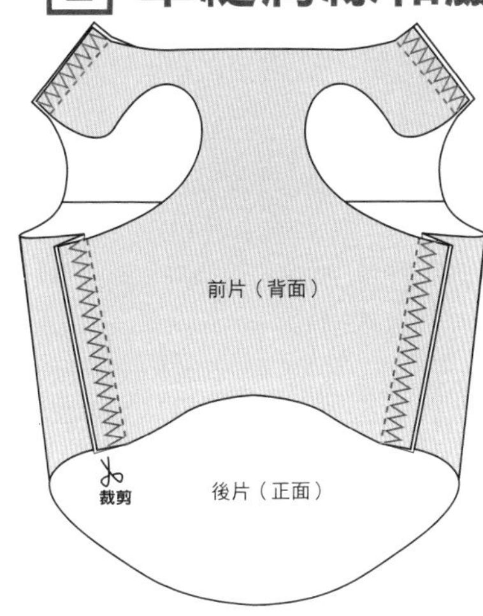

前片（背面）
裁剪
後片（正面）

1 前後身片脇邊正面相對疊合，車縫縫份1cm處。

2 縫份進行Z字形車縫，裁剪多餘部分。

3 另一側脇邊相同方法車縫。

4 肩線依相同方法車縫。

5 縫份倒向前片側。

3 製作羅紋布・接縫

1 頸圍羅紋布如圖所示正面相對對摺，車縫縫份1cm處，燙開縫份。

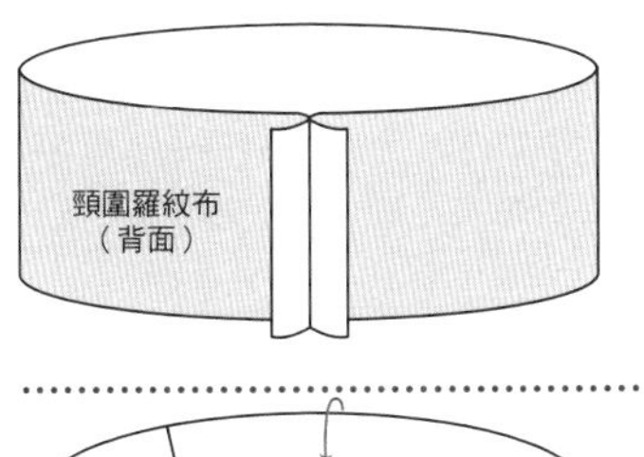

頸圍羅紋布
（背面）

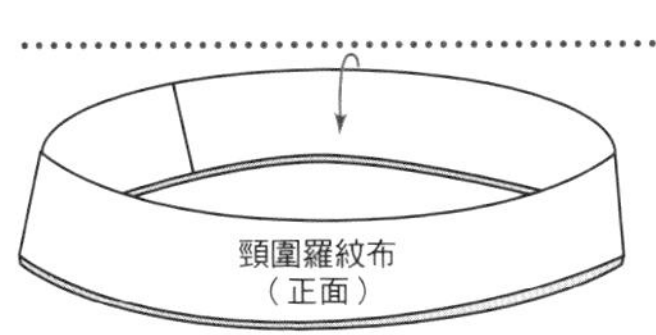

頸圍羅紋布
（正面）

2 頸圍羅紋布背面對摺。

3 袖口羅紋布・下襬羅紋布依相同方法製作。

頸圍羅紋布（正面）
裁剪
袖口羅紋布（正面）
袖口羅紋布（正面）
裁剪
裁剪
前片
（背面）
裁剪
後片
（正面）
下襬羅紋布（正面）

Point

頸圍羅紋布・袖口羅紋布・下襬羅紋布長度較短，車縫時請拉開羅紋布對齊頸圍、袖襱、下襬，以珠針均等固定。

4 重疊頸圍羅紋布縫線和肩線縫線，以珠針均等固定。車縫縫份1cm處。邊端進行Z字形車縫。裁剪多餘縫份。

5 袖口羅紋布・下襬羅紋布依相同方法車縫。

4 製作蝴蝶結・接縫

1 蝴蝶結正面相對疊合，返口預留約5cm，車縫縫份1cm處。

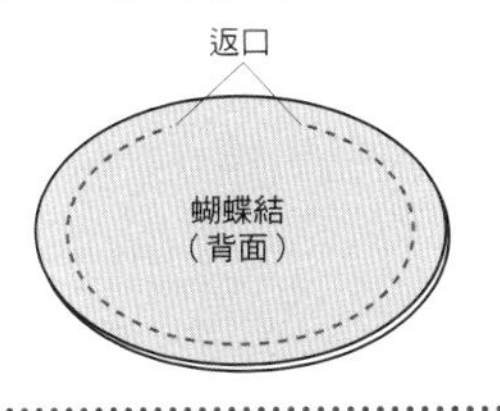

返口
蝴蝶結
（背面）

2 返口翻至正面，以熨斗熨燙整理。

蝴蝶結
（正面）

3

抓住中心位置，作出蝴蝶結形狀，將蝴蝶結手縫至剪接線中心處。

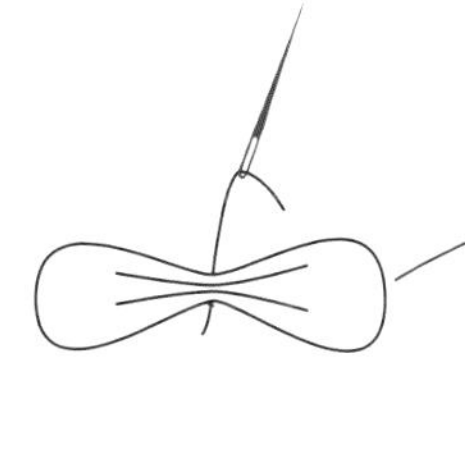

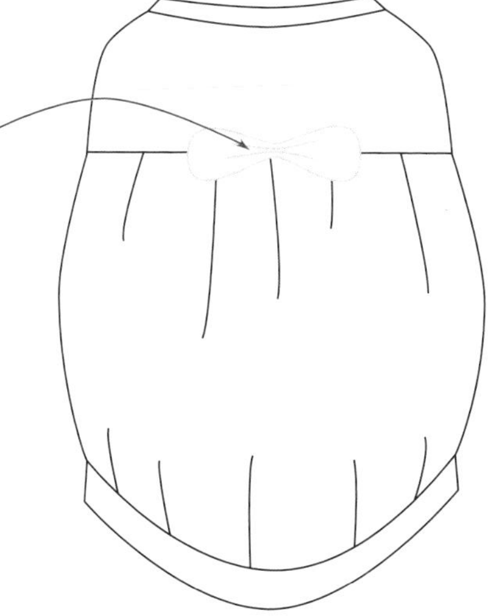

工作服

材料

- 寬90cm×40cm灰色棉質紗布（前片・後片・袖子用）
- 寬30cm×15cm黃色棉質紗布（口袋布）
- 鬆緊帶 13cm2條（袖口布）・26.5cm1條（頸圍用）・45cm1條（下襬用）

完成成品

裁布圖

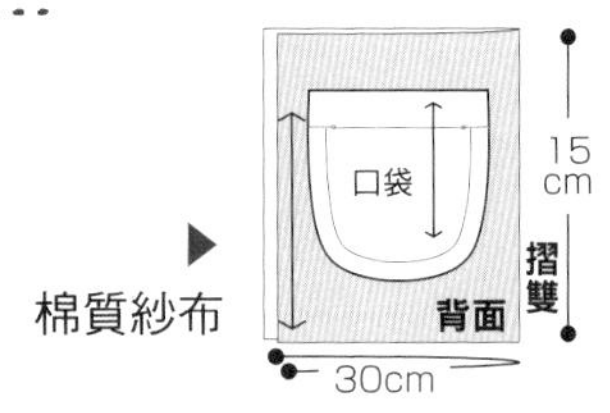

口袋
15 cm
摺雙
背面
30cm

棉質紗布

前中心線
摺雙
前片
後片
後中心線
摺雙
前側
後側
袖子
前側
背面
40 cm
90cm

棉質紗布

製作順序

1 製作口袋・接縫

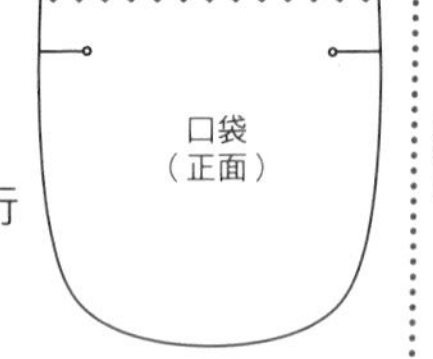

口袋
（正面）

1 口袋邊端進行Z字形車縫。

2 依合印記號往內側摺疊，於距邊端1.8cm處車縫。

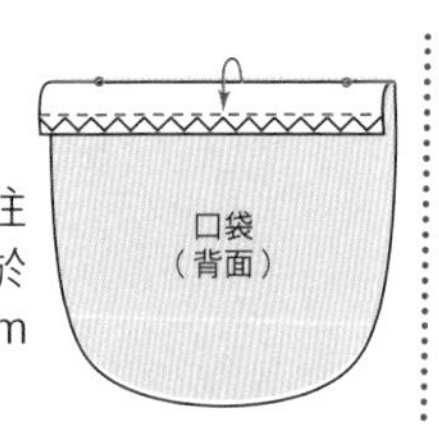

口袋
（背面）

3 周圍1cm往內側摺疊，以熨斗熨燙整理。

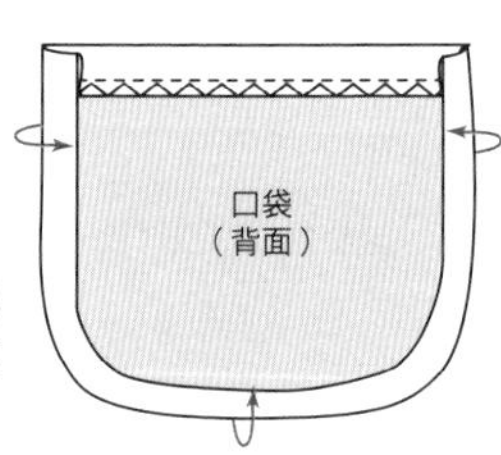

口袋
（背面）

4 口袋置於後片上，邊端車縫。（位置請參考紙型）

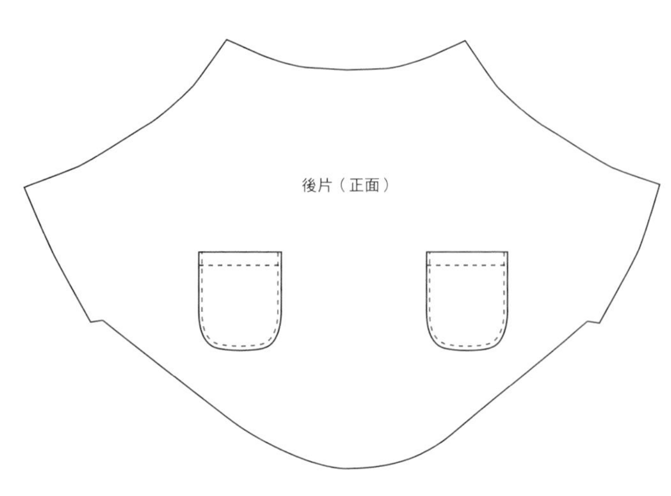

後片（正面）

2 車縫脇線

1 前後身片脇邊正面相對疊合，距邊端1cm處車縫。布料邊端進行Z字形車縫。

2 另一側脇邊相同方法車縫。

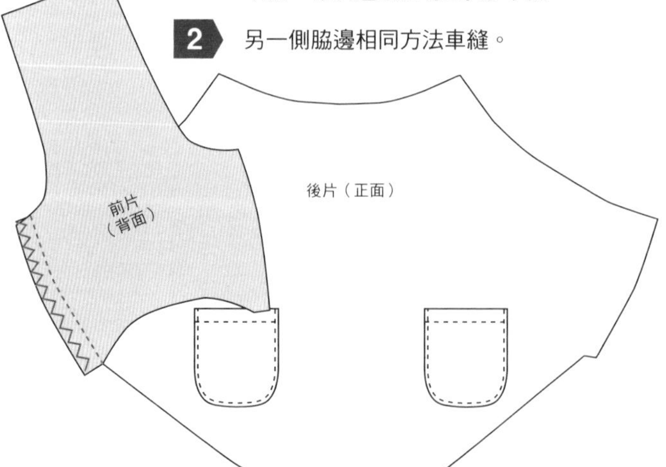

前片
（背面）
後片（正面）

3 製作袖子

1 袖口進行Z字形車縫。

2 袖口依1.5cm寬度，依合印記號返摺，於袖口距邊端1.2cm處車縫。

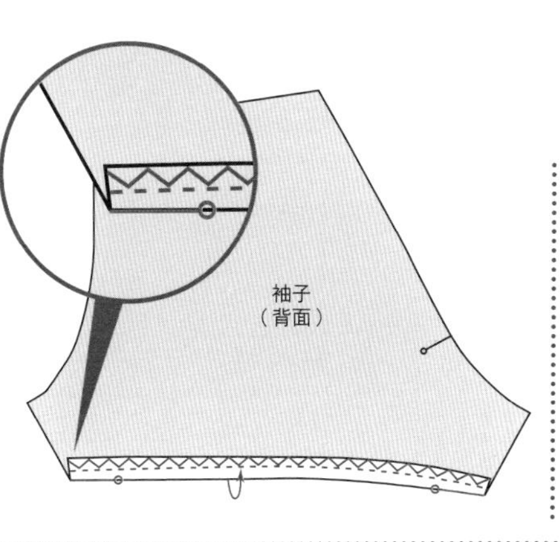

袖子
（背面）

3 穿入15cm的鬆緊帶，避免鬆緊帶鬆脫，兩端需車縫固定。

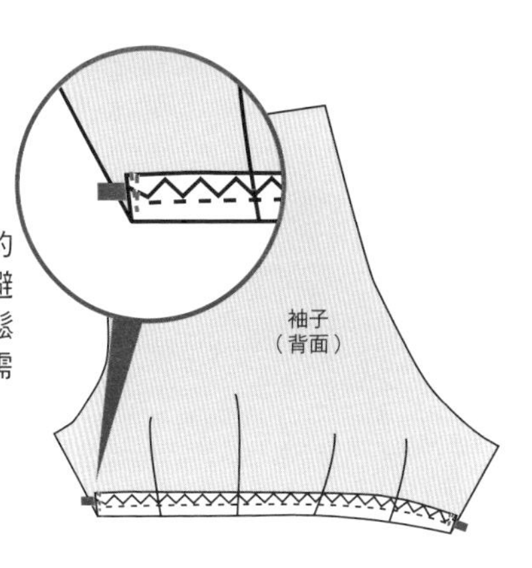

袖子
（背面）

4 袖口正面相對對摺，車縫縫份1cm處。布料邊端進行Z字形車縫。袖子翻至正面。

5 袖子翻至正面。

6 另一片袖子也依相同方法車縫。

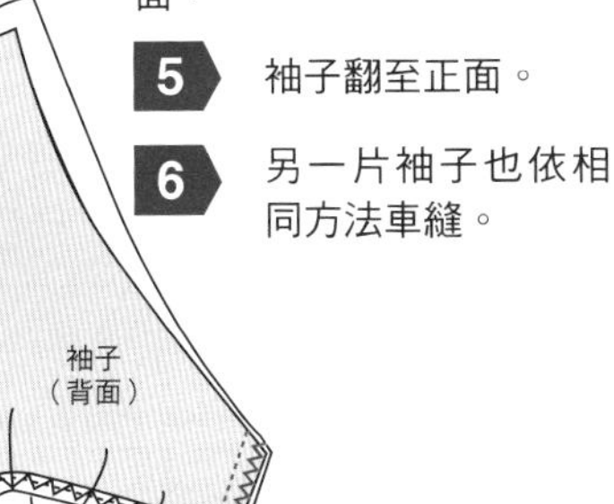

袖子
（背面）

4 車縫脇邊線

袖子
（背面）
前片（背面）
脇布
（背面）

裁剪

對齊後片頸圍尖角
對齊前片頸圍尖角
袖子
（背面）
脇邊線
袖子
（正面）

1 注意不要搞錯左右袖子位置，袖子和身片正面相對疊合，車縫縫份1cm處。邊端進行Z字形車縫。

2 另一片袖子也依相同方法車縫。

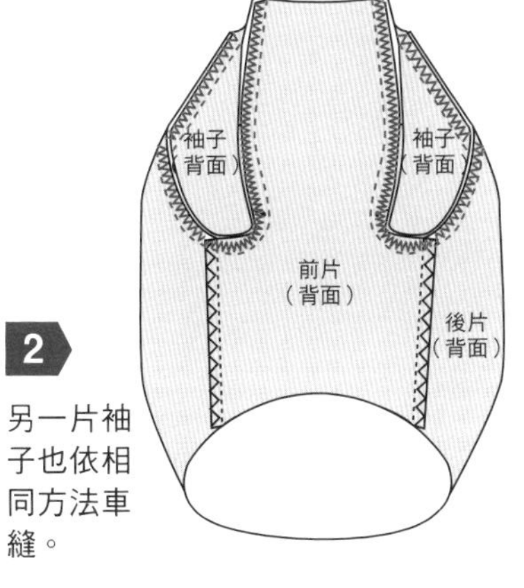

袖子
（背面）
袖子
（背面）
前片
（背面）
後片
（背面）

5 車縫下襬

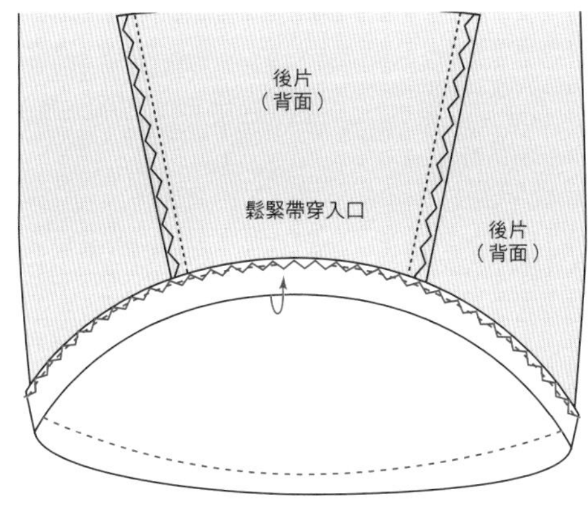

後片
（背面）
鬆緊帶穿入口
後片
（背面）

1 布料邊端進行Z字形車縫。

2 下襬往內摺疊1.5cm，車縫邊端1.2cm處。預留5cm鬆緊帶穿入口。

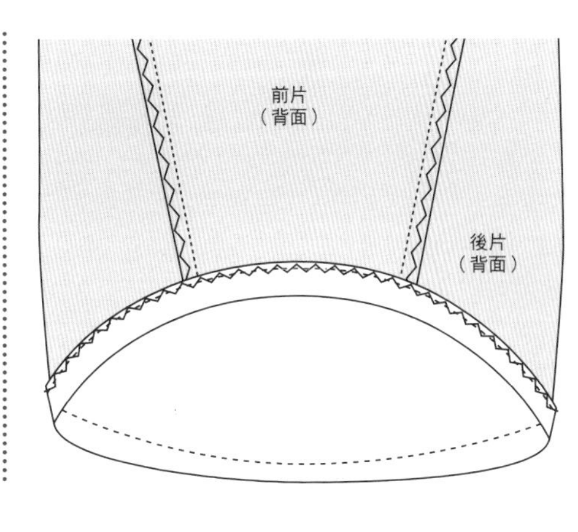

前片
（背面）
後片
（背面）

3 穿入45cm的鬆緊帶，兩端重疊2cm，中心車縫。

4 車縫鬆緊帶入口。

6 車縫頸圍

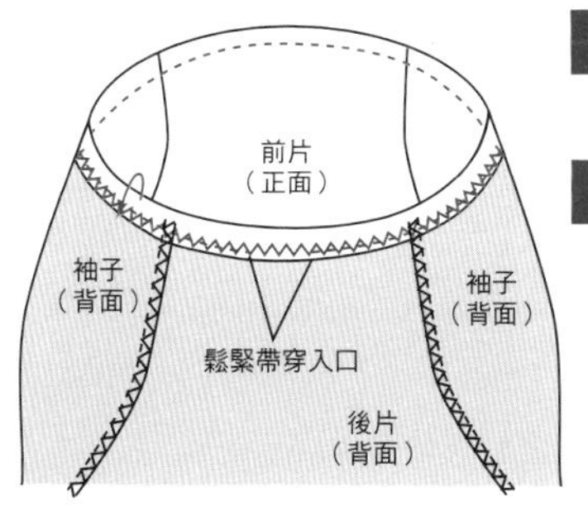

前片
（正面）
袖子
（背面）
袖子
（背面）
鬆緊帶穿入口
後片
（背面）

1 布料邊端進行Z字形車縫。

2 頸圍往內摺疊1.5cm。車縫邊端1.2cm處。預留5cm鬆緊帶穿入口。

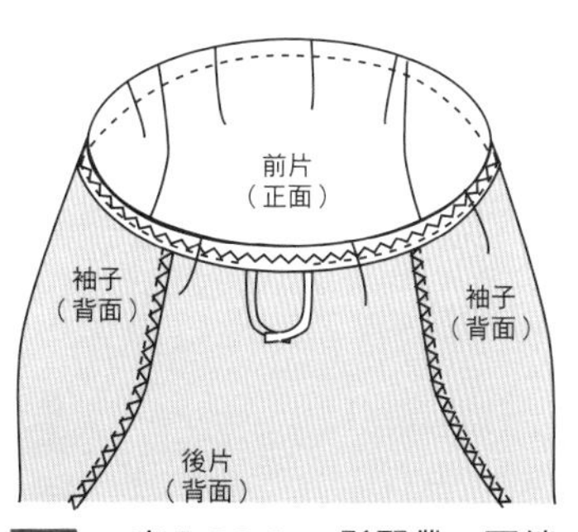

前片
（正面）
袖子
（背面）
袖子
（背面）
後片
（背面）

3 穿入26.5cm鬆緊帶，兩端重疊2cm，中心車縫。

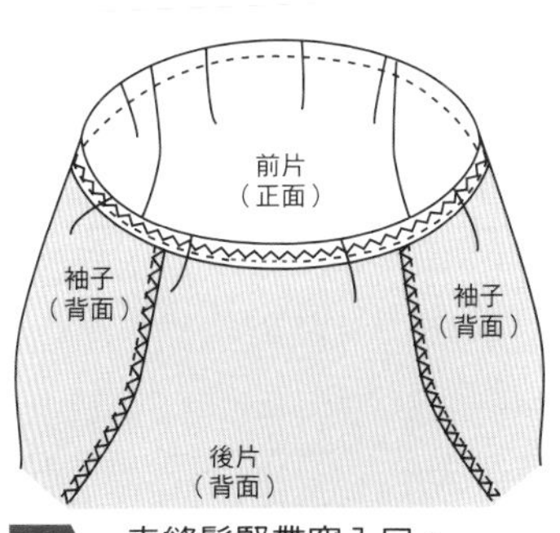

前片
（正面）
袖子
（背面）
袖子
（背面）
後片
（背面）

4 車縫鬆緊帶穿入口。

剪接T恤

材料

- 寬110cm×30cmCircular rib針織布（前片・剪接片・袖子・頸圍羅紋布）
- 寬40cm×25cm亞麻布（後片）
- 釦絆（完成後請車縫在自己喜歡的部位）
- 鬆緊帶 13cm

完成成品

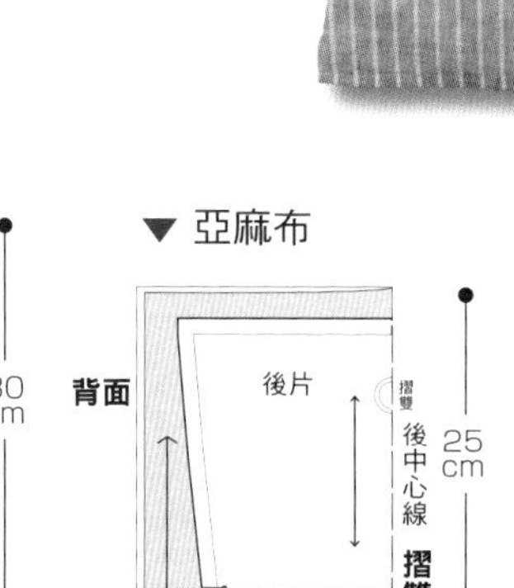

裁布圖

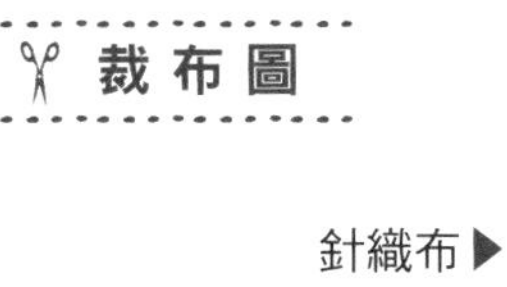

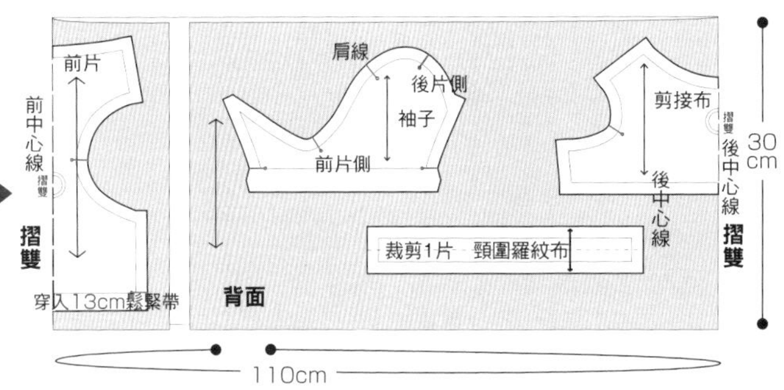

針織布▶
前片
前中心線
摺雙
穿入13cm鬆緊帶
肩線
後片側
袖子
前片側
剪接布
後中心線
摺雙
裁剪1片 頸圍羅紋布
背面
30 cm
110cm
▼亞麻布
後片
後中心線
摺雙
背面
25 cm
40cm

製作順序

1 製作前片

1. 前片下襬進行Z字形車縫。
2. 前片下襬往內摺疊1.5cm，車縫距邊1.2cm處。

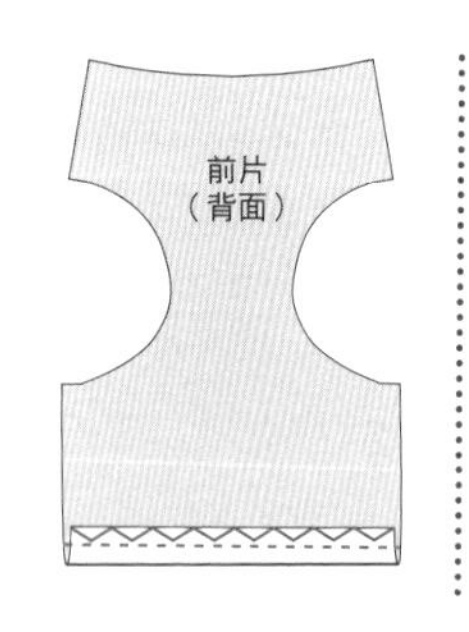

前片
（背面）

3. 裁剪13cm鬆緊帶，穿過下襬。避免鬆緊帶鬆脫，兩端需車縫固定。

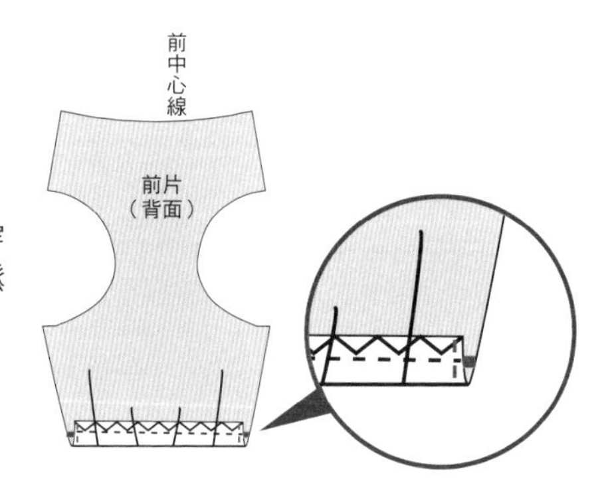

前中心線
前片
（背面）

2 製作後片

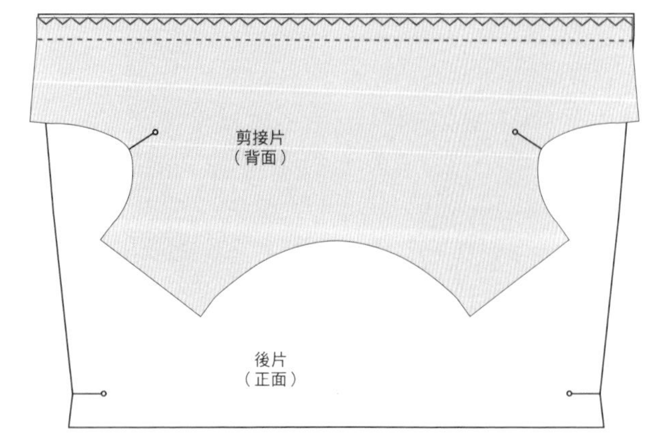

剪接片
（背面）
後片
（正面）

1. 後片和剪接片正面相對疊合，縫份車縫1cm處。布料邊端進行Z字形車縫。

3 車縫肩線和脇線

1. 前後身片肩線正面相對疊合，縫份車縫1cm處。
2. 縫份進行Z字形車縫。（步驟1車縫線邊端），裁剪多餘部分。
3. 另一側相同方法車縫。
4. 車縫脇線。連後片下襬布料邊端一起進行Z字形車縫。

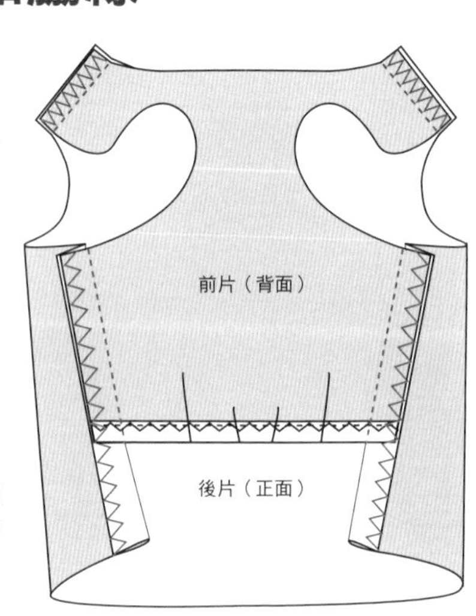

前片（背面）
後片（正面）

4 製作袖子・接縫

1 袖口縫份依2cm寬度三摺邊，以珠針固定。

2 於袖口距邊端0.8cm處車縫。

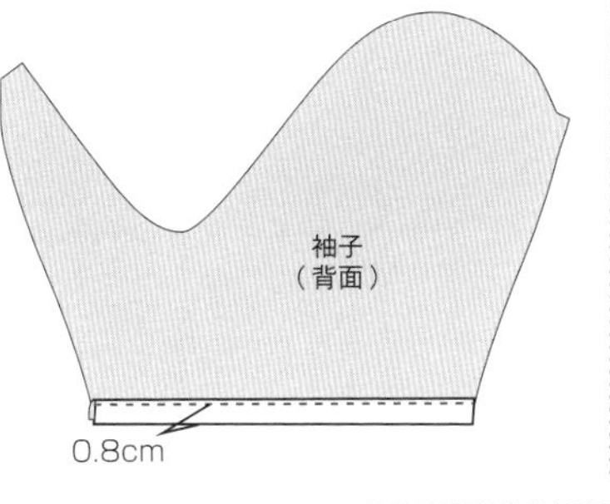

袖子
（背面）
0.8cm

3 袖子摺雙對摺，縫份車縫1cm處，邊端進行Z字形車縫。裁剪多餘縫份。

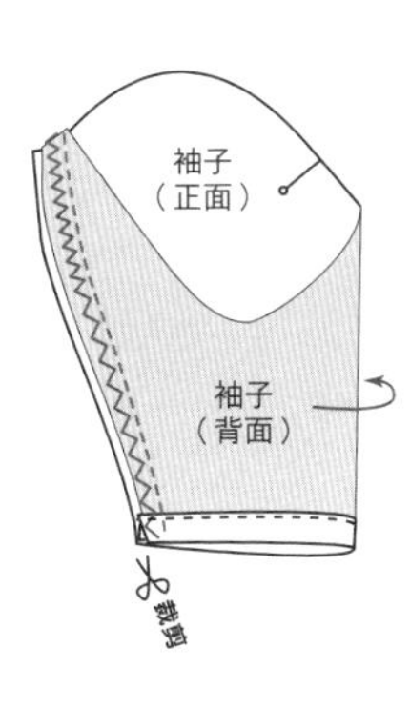

袖子
（正面）
袖子
（背面）
裁剪

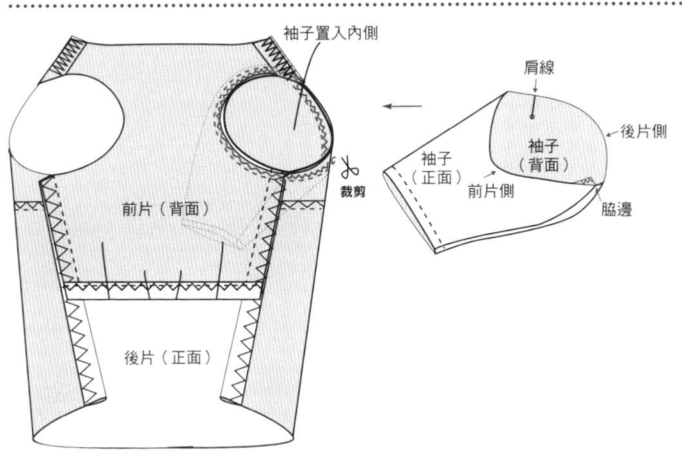

袖子置入內側
肩線
後片側
袖子
（背面）
袖子
（正面）
前片側
脇邊
裁剪
前片（背面）
後片（正面）

4 袖子翻至正面。

5 注意不要搞錯左右袖子位置，袖子和身片正面相對疊合，車縫袖襱1cm處。邊端進行Z字形車縫。裁剪多餘縫份。

6 另一側袖子依相同方法車縫。

5 製作頸圍羅紋布・接縫

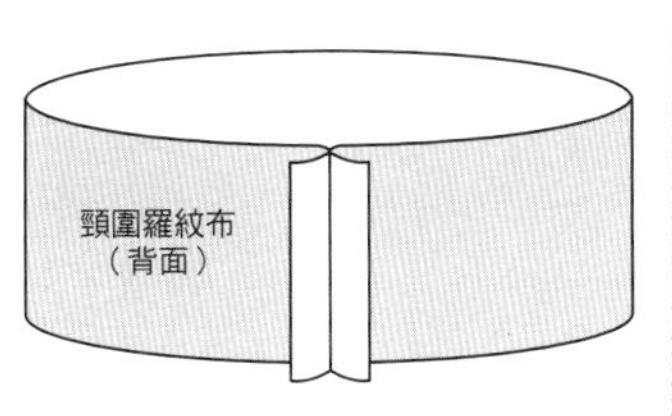

頸圍羅紋布
（背面）

1 頸圍羅紋布對摺，車縫縫份1cm處，燙開縫份。

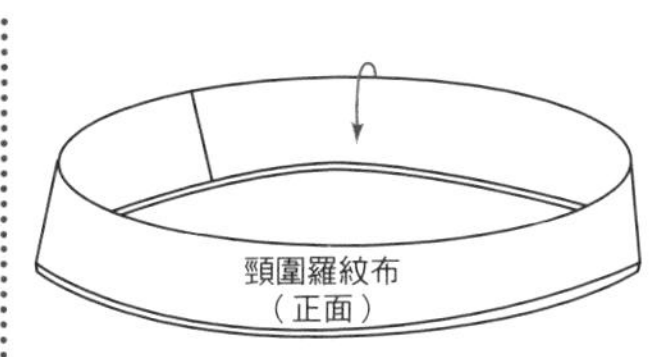

頸圍羅紋布
（正面）

2 頸圍羅紋布背面對摺。

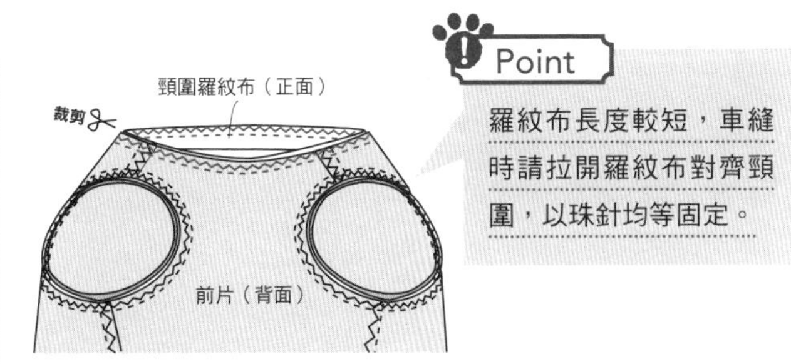

頸圍羅紋布（正面）
裁剪
前片（背面）

3 重疊頸圍羅紋布縫線和前片邊端，頸圍羅紋布和身片頸圍以珠針固定。車縫縫份1cm處。邊端進行Z字形車縫。裁剪多餘縫份。

Point

羅紋布長度較短，車縫時請拉開羅紋布對齊頸圍，以珠針均等固定。

6 車縫下襬

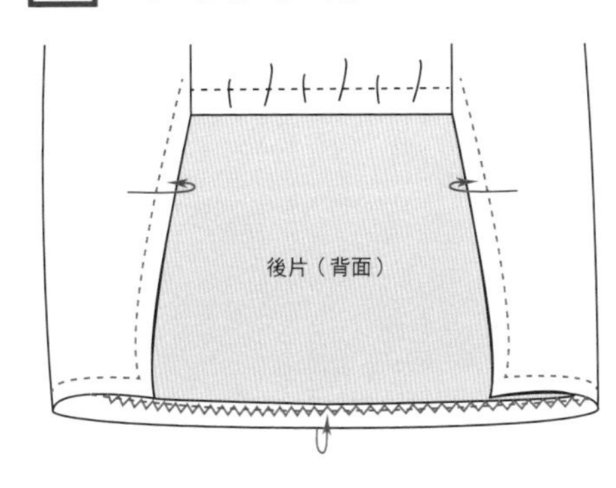

後片（背面）

1 衣服翻至正面，後片下襬進行Z字形車縫。

2 下襬往內摺疊1.5cm。邊端車縫1.2cm處。

3 後片兩端往內摺疊1cm車縫。

長袖T恤

材料

- 寬110cm×90cm提花針織布（前片・後片・長袖・頸圍羅紋布）
- 寬20cm×10cm不織布（補丁布用）
- 釦絆（完成後請車縫在自己喜歡的部位）
- 鬆緊帶 15cm

完成成品

裁布圖

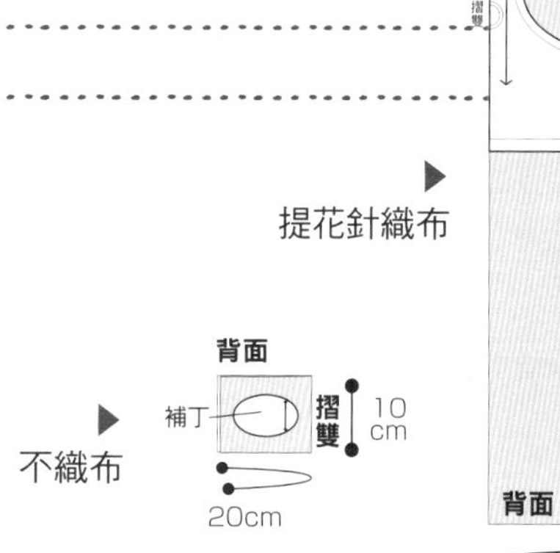
背面
補丁
摺雙
10cm
20cm
不織布

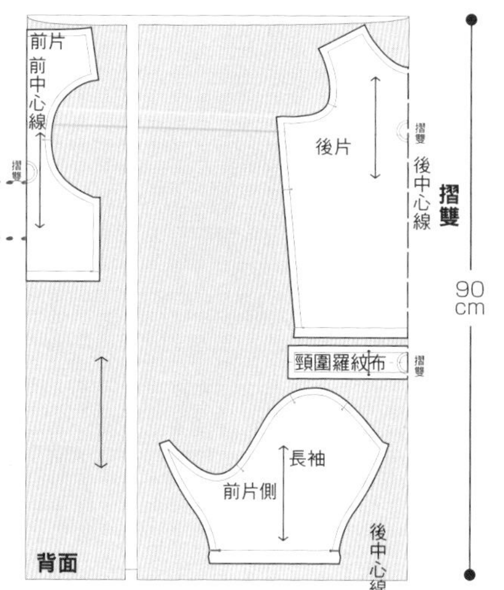
前片
前中心線
摺雙
後片
後中心線
摺雙
90cm
頸圍羅紋布
摺雙
長袖
前片側
後中心線
背面
110cm
提花針織布

製作順序

1 製作前片

前片
（背面）

1 前片下襬進行Z字形車縫。

2 前片下襬往內摺疊1.5cm，車縫邊端1.2cm處。

3 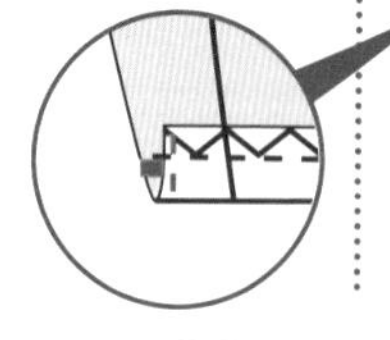
前片
（背面）

下襬穿過15cm的鬆緊帶。避免鬆緊帶鬆脫，兩端需車縫固定。

2 車縫肩線和脇線

1 前後身片脇邊正面相對疊合，車縫縫份1cm處。

2 縫份進行Z字形車縫。（步驟1車縫線邊端），裁剪多餘部分。

3 另一側依相同方法車縫。

4 車縫脇線。連後片下襬布料邊端一起進行Z字形車縫。

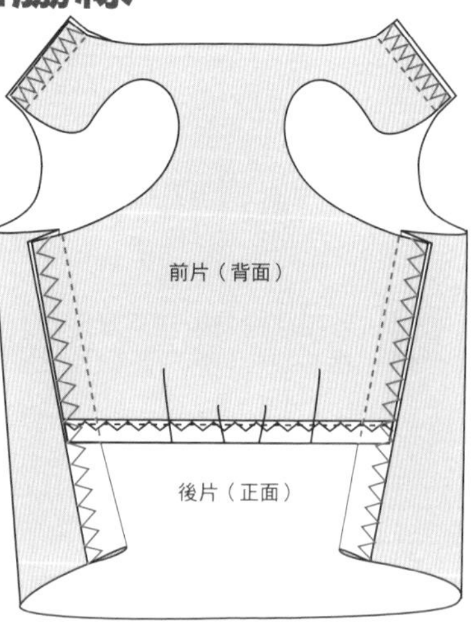
前片（背面）
後片（正面）

3 製作袖子・接縫

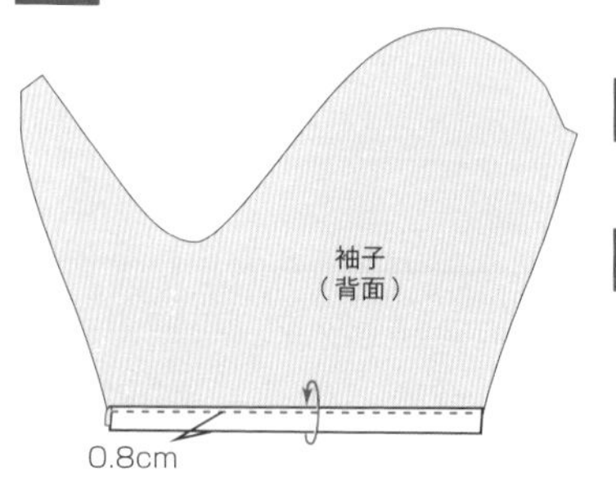
袖子
（背面）
0.8cm

1 袖口縫份依2cm寬度三摺邊，以珠針固定。

2 車縫袖口邊端0.8cm處。

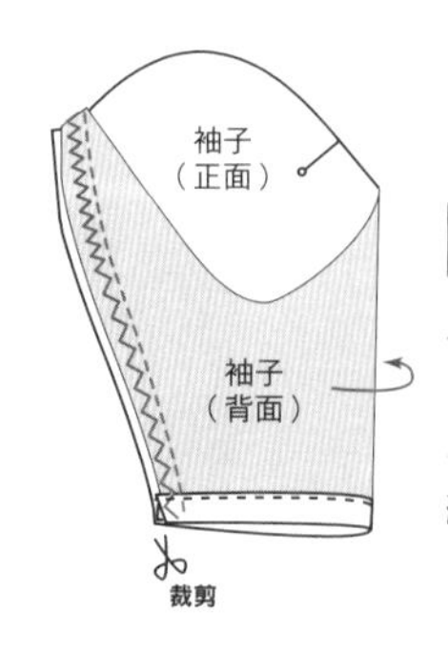
袖子
（正面）
袖子
（背面）
裁剪

3 袖口對摺，縫份車縫1cm處，邊端進行Z字形車縫。裁剪多餘縫份。

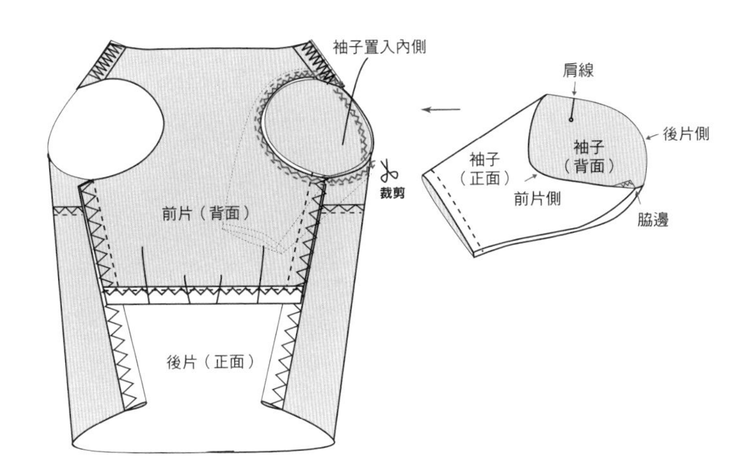

袖子置入內側
肩線
後片側
袖子
（背面）
袖子
（正面）
前片側
脇邊
裁剪
前片（背面）
後片（正面）

4 袖子翻至正面。

5 注意不要搞錯左右袖子位置，袖子和身片正面相對疊合，車縫袖襱縫份1cm處。邊端進行Z字形車縫。裁剪多餘縫份。

6 另一側袖子也依相同方法車縫。

4 製作頸圍羅紋布・接縫

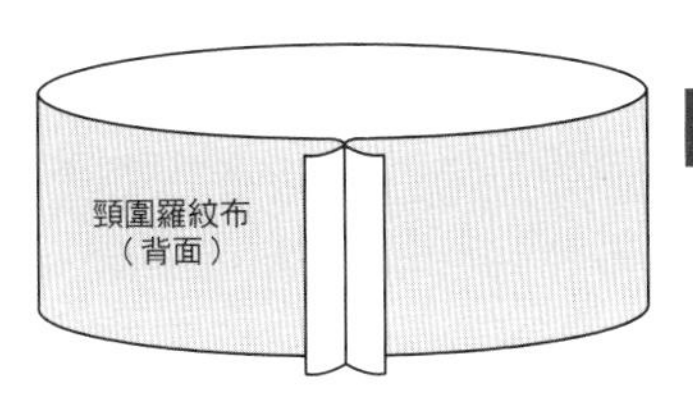

頸圍羅紋布
（背面）

1 頸圍羅紋布如圖所示正面相對對摺，縫份車縫1cm處，燙開縫份。

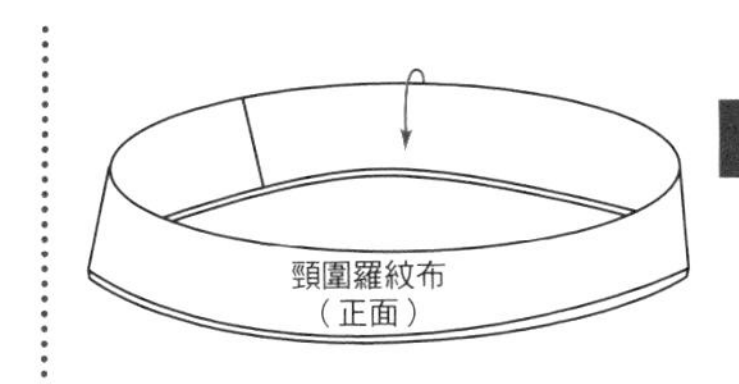

頸圍羅紋布
（正面）

2 頸圍羅紋布背面對摺。

3 重疊頸圍羅紋布縫線和前片邊端，頸圍羅紋布和身片頸圍正面相對疊合，以珠針固定。車縫縫份1cm處。邊端進行Z字形車縫。裁剪多餘縫份。

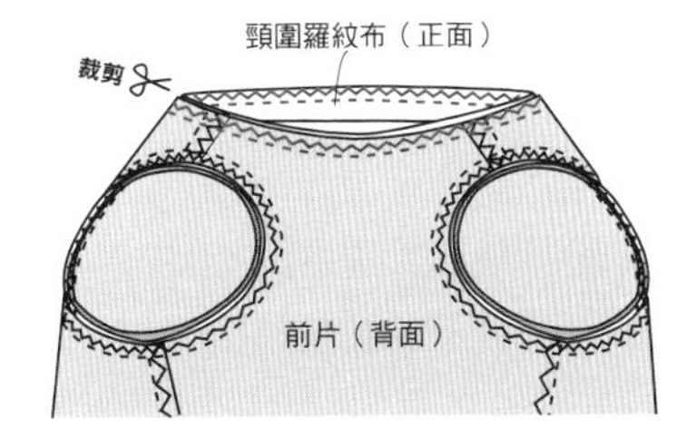

頸圍羅紋布（正面）
裁剪
前片（背面）

Point

羅紋布長度較短，車縫時請拉開羅紋布對齊頸圍，以珠針均等固定。

5 車縫下襬

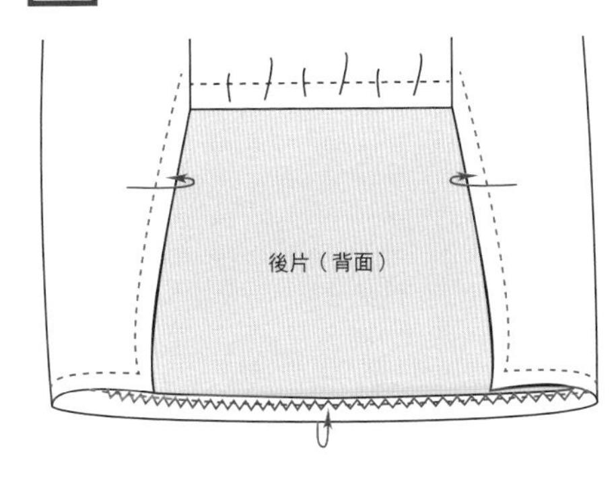

後片（背面）

1 衣服翻至正面，後片下襬進行Z字形車縫。

2 下襬往內摺疊1.5cm。從邊端1.2cm處車縫。

3 後片兩端往內摺疊1cm車縫。

6 接縫補丁

1 裁剪不織布補丁2片。

2 先讓愛犬試穿，配合前肢關節位置，以繡線手縫固定。

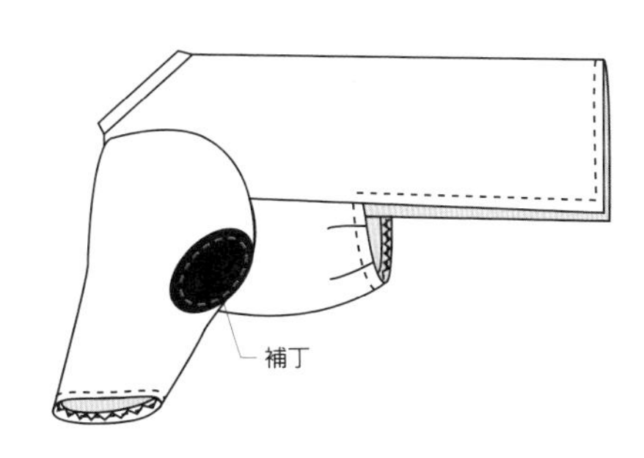

補丁

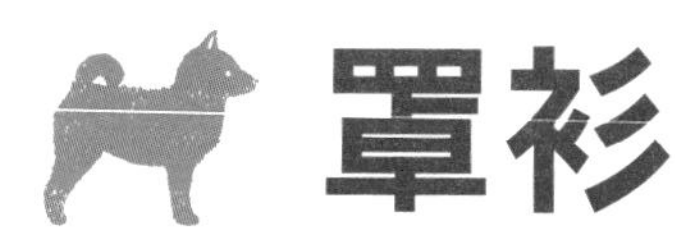

罩衫

材料

- 寬90cm×75cm提花針織布（前片・後片・袖子用）
- 寬110cm×25cm針織布（頸圍羅紋布・下襬羅紋布・袖口羅紋布・裝飾口袋用布）
- 直徑1cm暗釦　5組

完成成品

裁布圖

提花針織布

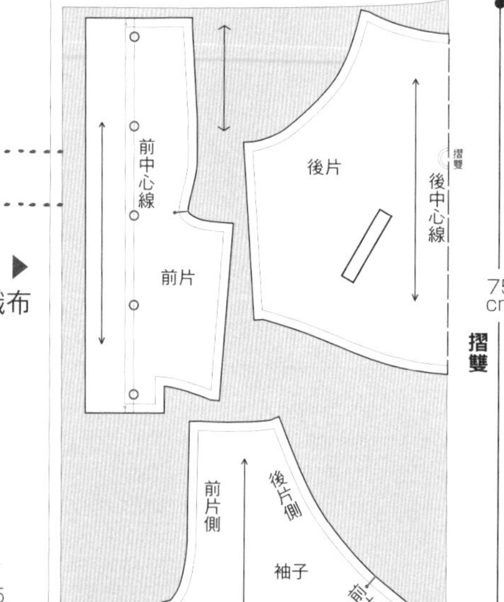

前中心線
前片
後片
後中心線
摺雙
75cm
前片側
後片側
袖子
前片側
背面
90cm

針織布

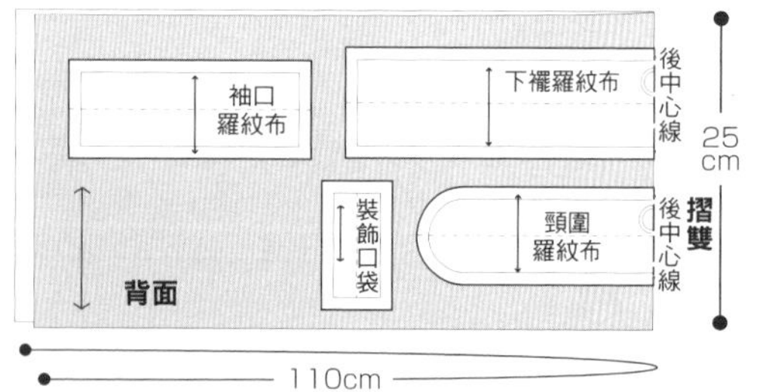

袖口羅紋布
下襬羅紋布
後中心線
25cm
裝飾口袋
頸圍羅紋布
後中心線
摺雙
背面
110cm

製作順序

1 後片接縫裝飾口袋布

（背面）

口袋正面相對對摺，車縫兩端縫份1cm。

2

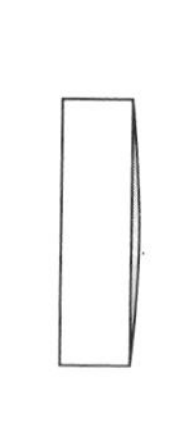

翻至正面。

3

開口摺疊1cm。

4

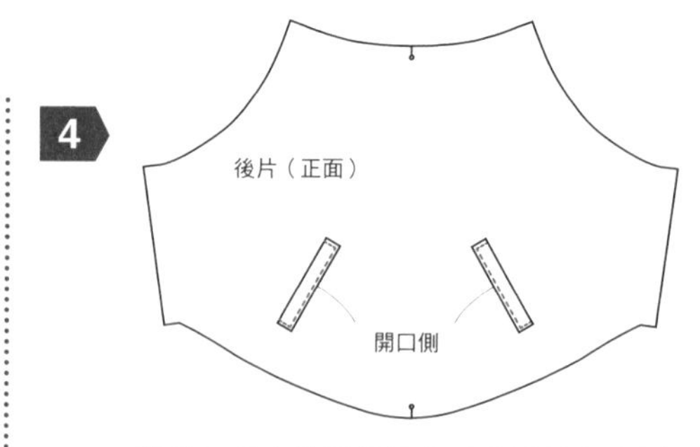

後片（正面）
開口側

裝飾口袋布放置後片上（位置請參考紙型），以邊機縫車縫コ字。

2 製作袖子

1 袖口羅紋布背面相對對摺。

2 重疊袖口羅紋布和袖口，以珠針固定。（袖口羅紋布長度較短，車縫時請拉開對齊頸圍，均等固定。）

3 從邊端縫份車縫1cm處。布料邊端進行Z字形車縫。裁剪多餘部分。

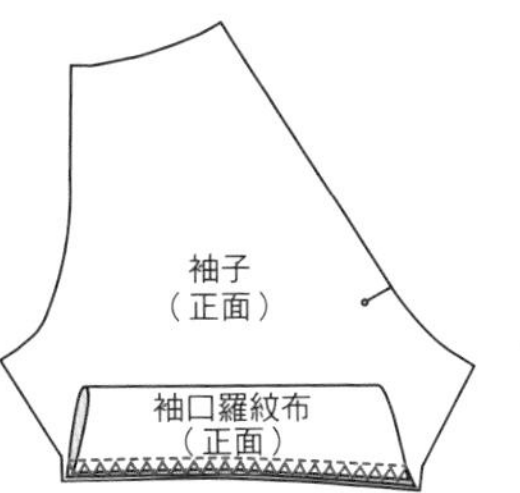

袖口羅紋布
（正面）
袖子
（正面）
袖口羅紋布
（正面）

4 袖子摺雙對摺，袖下縫份車縫1cm處，邊端進行Z字形車縫。裁剪多餘縫份。

5 袖子翻至正面。

6 另一片袖子依相同方法車縫。

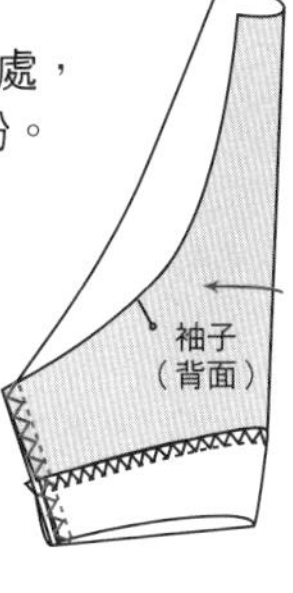

袖子
（背面）

3 車縫脇線

1 前後身片脇邊正面相對疊合，車縫縫份1cm處。

2 縫份進行Z字形車縫。 趾**1**車縫線邊端），裁剪多餘部分。

3 另一側脇邊依相同方 縫。

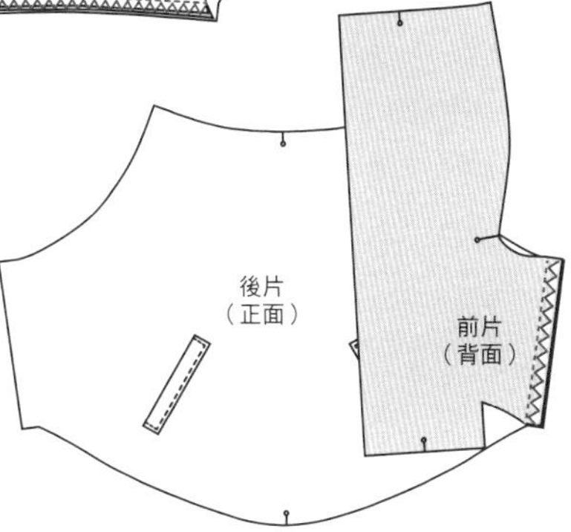

後片
（正面）
前片
（背面）

4 接縫袖子

1

注意不要搞錯左右位置，袖子和身片正合，袖襱縫份車縫邊端進行Z字形多餘縫份。

袖子
（背面）
袖子
（背面）
後片
（背面）
前片
（背面）
前片
（背面）

2

另一側袖子 去車縫。

Point

- 左右袖的區分方法 -

袖子對摺狀態下，至袖下距離較長的那一側，重疊後片。

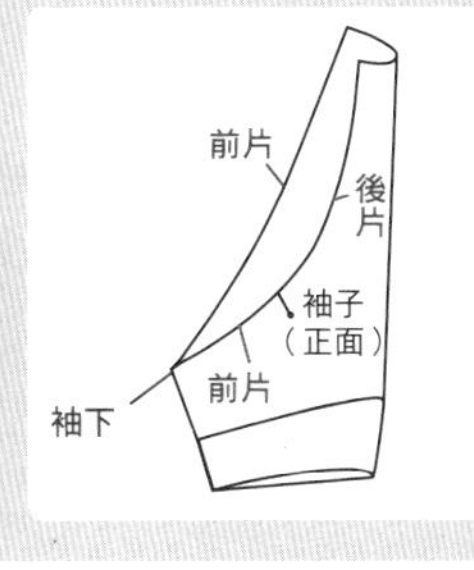

前片
後片
袖子
（正面）
前片
袖下

5 頸圍羅紋布

1

頸圍羅紋布（正面）

袖口布背面對摺。

2 前片邊端進行Z字形車縫。

3 頸圍羅紋布和頸圍正面相對疊合，羅紋布兩端對齊身片合印記號。（羅紋布需沿著頸圍疊合。）

4 依合印記號摺疊，包夾羅紋布。

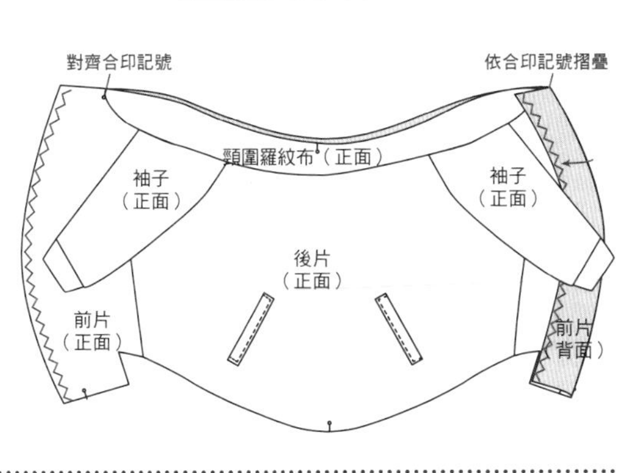

對齊合印記號
依合印記號摺疊
頸圍羅紋布（正面）
袖子
（正面）
袖子
（正面）
後片
（正面）
前片
（正面）
前片
（背面）

5 車縫頸圍縫份1cm。布料邊端進行Z字形車縫。

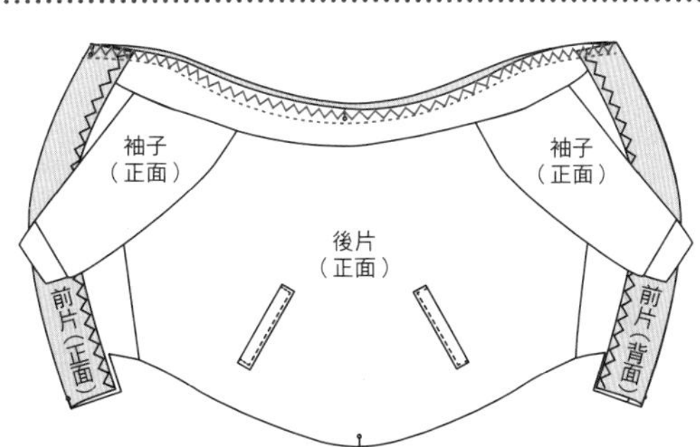

袖子
（正面）
袖子
（正面）
後片
（正面）
前片（正面）
前片（背面）

5 接縫下襬羅紋布

1

下襬羅紋布
（正面）

下襬羅紋布背面對摺。

2 下襬羅紋布重疊前片下襬上1cm側車縫固定。（從羅紋布邊端1cm處車縫）

3 注意羅紋布不可扭曲變形。另一側也依相同方法車縫。

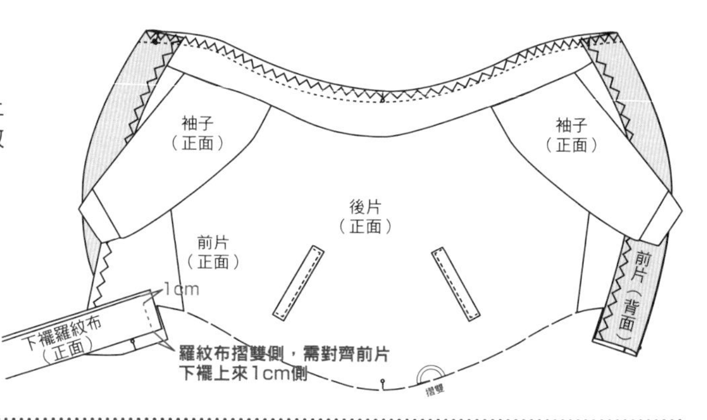
袖子
（正面）
袖子
（正面）
後片
（正面）
前片
（正面）
前片（背面）
1cm
下襬羅紋布
（正面）
羅紋布摺雙側，需對齊前片下襬上來1cm側
摺雙

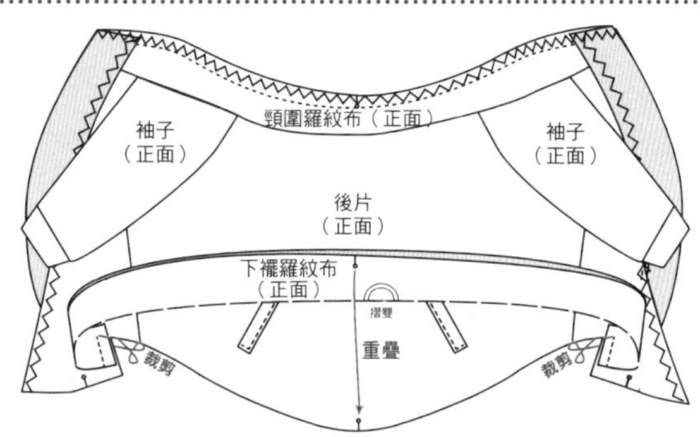
頸圍羅紋布（正面）
袖子
（正面）
袖子
（正面）
後片
（正面）
下襬羅紋布
（正面）
摺雙
重疊
裁剪
裁剪

4 前片如圖所示剪牙口，注意不要裁剪到縫線。（只有前片注意不要裁剪到羅紋布）

5 依合印記號重疊羅紋布和身片下襬。（羅紋布長度較短，車縫時請均等拉開羅紋布。）

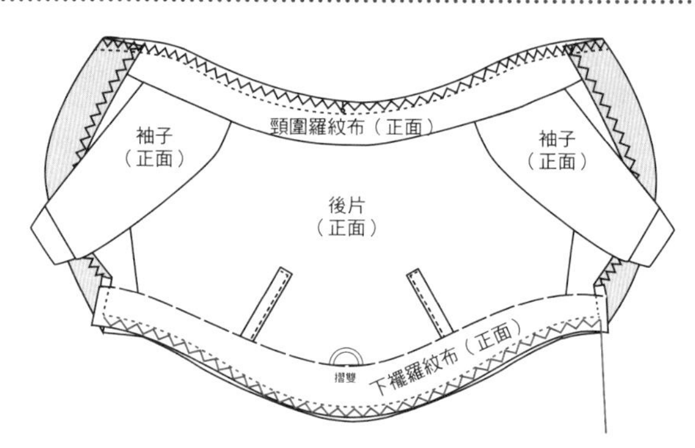
頸圍羅紋布（正面）
袖子
（正面）
袖子
（正面）
後片
（正面）
摺雙
下襬羅紋布（正面）
步驟2車縫處為始縫，完成最後車縫後，
也須連接到步驟2車縫處。

6 車縫下襬羅紋布1cm處。布料邊端進行Z字形車縫。下襬羅紋布翻至正面。

7 前片下襬依合印記號正面相對疊合，車縫下襬1cm處。

8 前片邊端翻至正面，以熨斗熨燙整理。

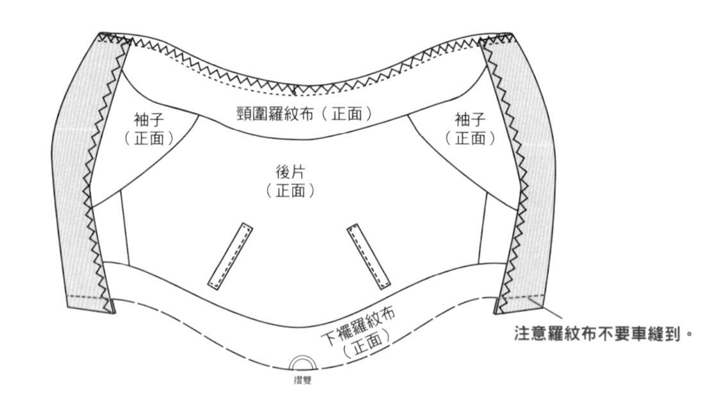
頸圍羅紋布（正面）
袖子
（正面）
袖子
（正面）
後片
（正面）
下襬羅紋布
（正面）
摺雙
注意羅紋布不要車縫到。

6 裝上暗釦

1 前片下襬依合印記號正面相對疊合，車縫下襬1cm處。

2 前片貼邊部分，車縫前片邊端2.5cm處。

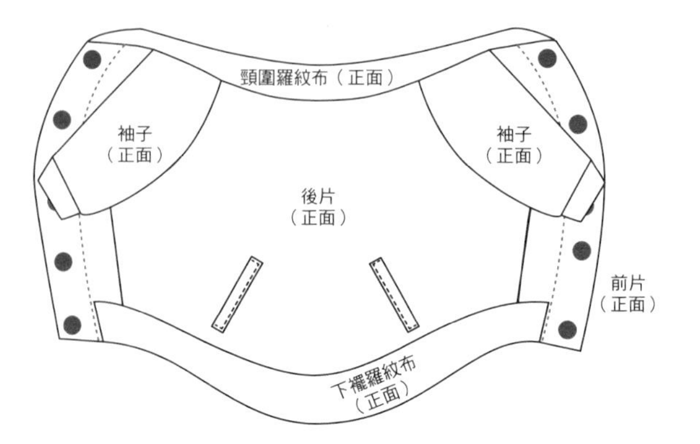
頸圍羅紋布（正面）
袖子
（正面）
袖子
（正面）
後片
（正面）
前片
（正面）
下襬羅紋布
（正面）

頭飾

材料

〈高頂帽・王冠・聖誕帽〉
- 35cm夾子 1個
- 雙面膠帶
- 布用黏膠

〈高頂帽〉
- 寬15cm×15cm黑色不織布
- 1cm寬的紅色織帶
- 1cm寬的黑色織帶

〈王冠〉
- 寬15cm×15cm黃色不織布
- 1cm寬的金色織帶14cm
- 1cm寬的黃色織帶18cm

〈聖誕帽〉
- 寬15cm×15cm紅色不織布
- 1cm寬的白色長毛織帶14cm
- 1cm寬的紅色織帶18cm
- 直徑1.2cm白色毛球 1個

完成成品

裁布圖

▼高頂帽 黑色不織布

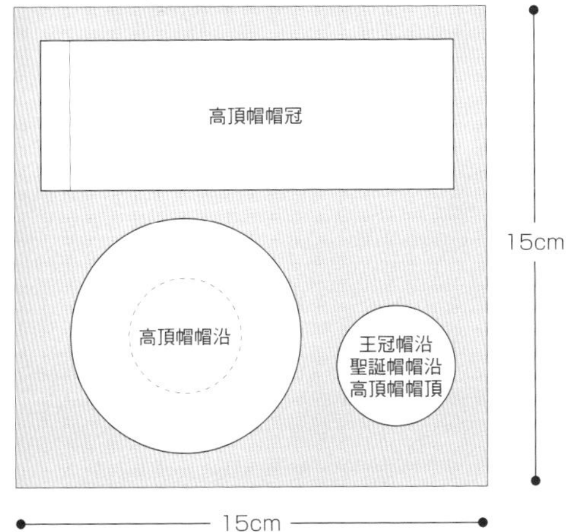

高頂帽帽冠
高頂帽帽沿
王冠帽沿
聖誕帽帽沿
高頂帽帽頂
15cm
15cm

▼王冠 黃色不織布

王冠 帽冠
王冠帽沿
聖誕帽帽底
高頂帽帽頂
15cm
15cm

▼聖誕帽 紅色不織布

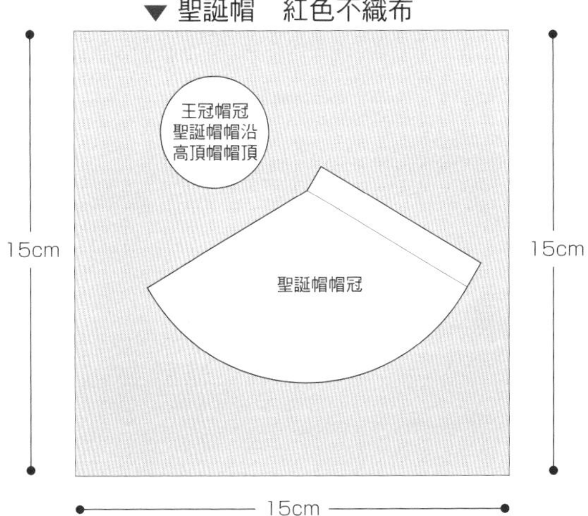

王冠帽冠
聖誕帽帽沿
高頂帽帽頂
聖誕帽帽冠
15cm
15cm

製作順序

1 製作夾子

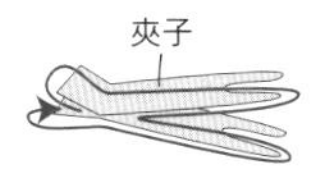

夾子

1 夾子周圍貼上雙面膠帶。

織帶（正面）

2 同不織布色的織帶，沿著雙面膠帶貼合周圍。

〈高頂帽〉

2 製作帽子

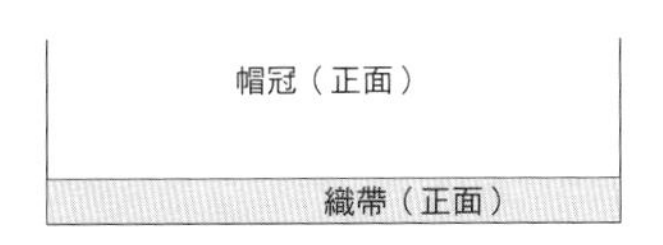

帽冠（正面）
織帶（正面）

1 帽冠邊端塗上布用黏膠，貼上紅色織帶。

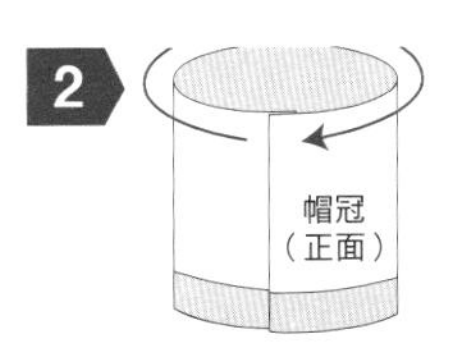

帽冠
（正面）

2 帽冠背面相對對摺，黏貼處1cm塗上布用黏膠貼合。

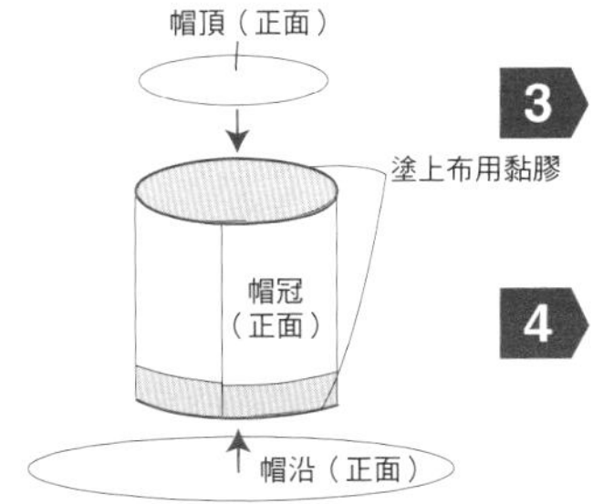

帽頂（正面）
塗上布用黏膠
帽冠
（正面）
帽沿（正面）

3 帽冠上下塗上布用黏膠，如圖所示貼上帽頂和帽沿。

4 裁剪多餘的帽頂。

〈王冠〉

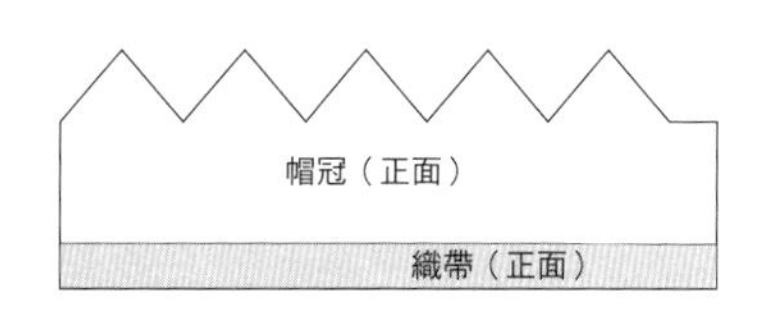

帽冠（正面）
織帶（正面）

1 帽冠邊端塗上布用黏膠，貼上織帶。

帽冠
（正面）

2 帽冠背面相對對摺，於1cm黏貼處塗上布用黏膠貼合。

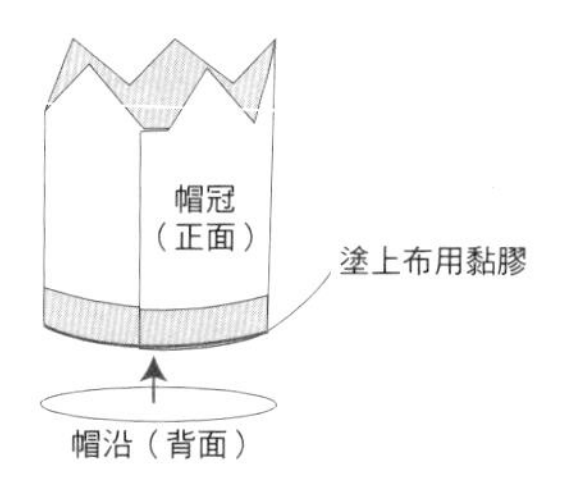

帽冠
（正面）
塗上布用黏膠
帽沿（背面）

3 帽冠下側塗上布用黏膠，貼合帽沿。

4 裁剪多餘的帽沿。

〈聖誕帽〉

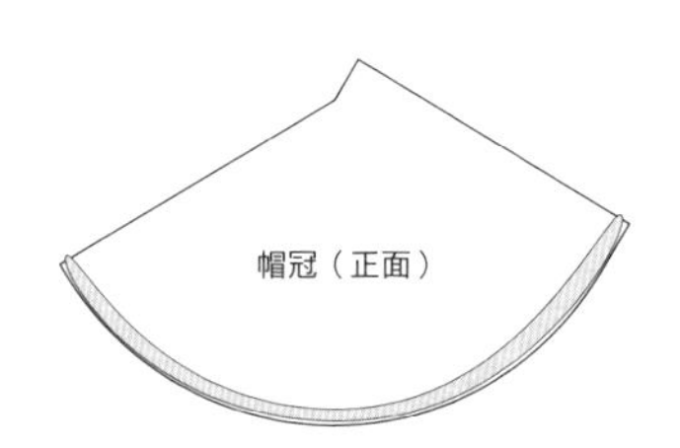

帽冠（正面）

1 帽冠邊端塗上布用黏膠，貼上織帶。

裁剪
帽冠（正面）

2 帽冠背面相對對摺，於1cm黏貼處塗上布用黏膠貼合。裁剪多餘部分。

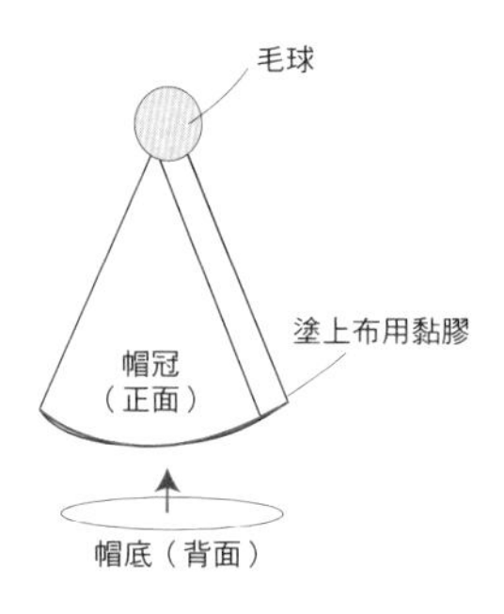

毛球
塗上布用黏膠
帽冠
（正面）
帽底（背面）

3 帽冠下側塗上布用黏膠，貼合帽沿。

4 裁剪多餘的帽沿。

5 塗上布用黏膠，貼上毛球。

3 帽子和夾子貼合

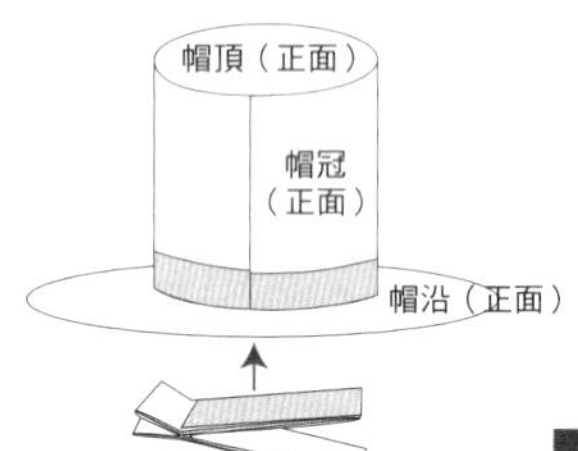

帽頂（正面）
帽冠
（正面）
帽沿（正面）

1 夾子一側貼上雙面膠帶，貼在帽沿面。

腳套

材料

- 小・寬90cm×45cm/大・寬90cm×70cm編織針織布
- 小・13cm和9cm/大・18cm和15cm鬆緊帶各4條

完成成品

裁布圖

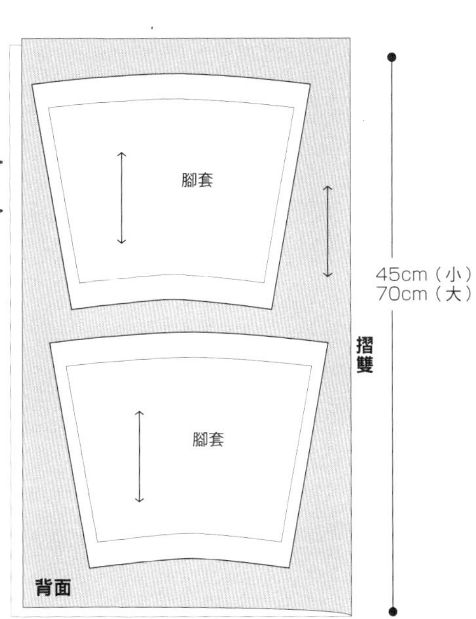

腳套
腳套
45cm（小）
70cm（大）
摺雙
背面
90 cm
編織針織布

製作順序

1 穿過鬆緊帶

1. 腳套邊端進行Z字形車縫。
2. 上下往內摺疊2cm，車縫邊端1.8cm處。

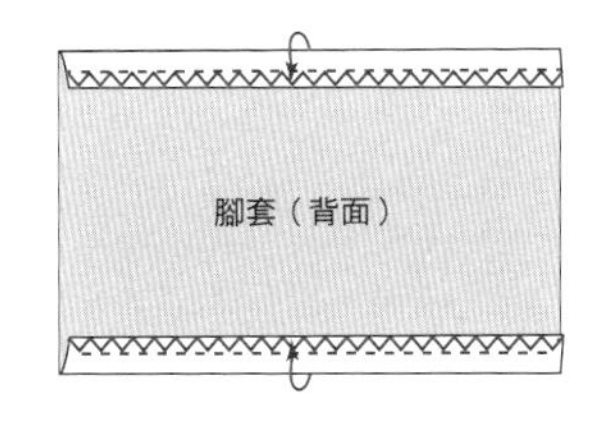

腳套（背面）

3. 裁剪鬆緊帶，上側較長（小13cm・大18cm）、下側較短（小8cm・大15cm），穿過鬆緊帶，為避免鬆緊帶鬆脫，兩端需車縫固定。

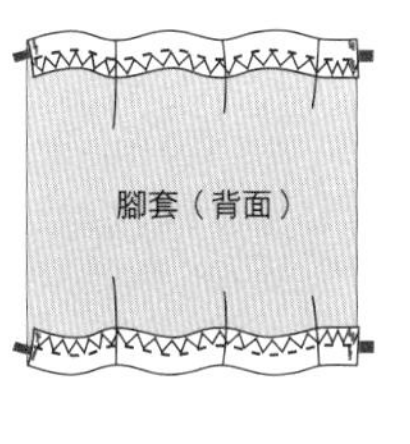

腳套（背面）

2 製作腳套

1. 正面相對疊合，車縫縫份1cm處。布料邊端進行Z字形車縫。
2. 翻至正面。

腳套（背面）

Page 18 | 紙型 B面 2片

床墊

材料

- 寬110cm×140cm亞麻布（側邊布・床底・抱枕裡布）
- 寬45cm×50cm短毛針織布（抱枕表布）
- 棉花　300g

完成成品

裁布圖

▼短毛針織布

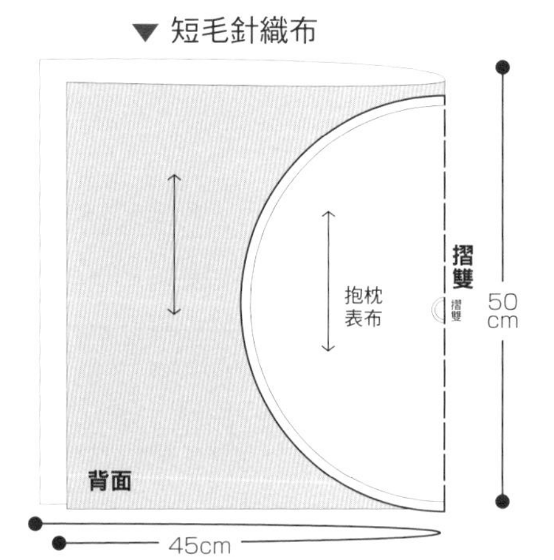

抱枕
表布
摺雙
背面
50cm
45cm

亞麻布▶

背面
側邊布
抱枕
裡布
摺雙
放上兩片紙型，裁切兩片抱枕裡布用和床底布。
摺雙
140cm
110cm

製作順序

1 製作床墊

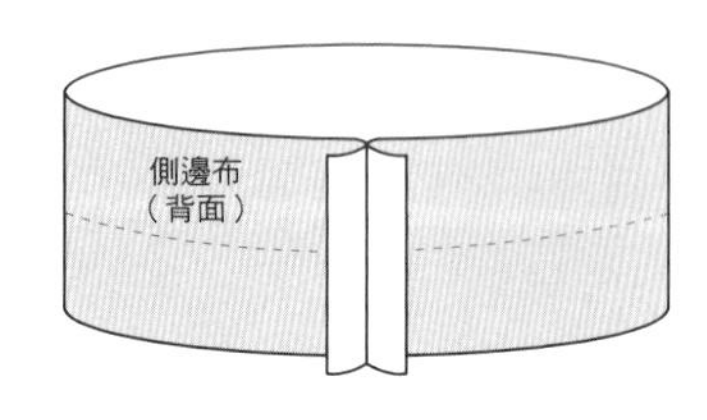

側邊布
（背面）

1 側邊布正面相對疊合，車縫邊端1cm處，燙開縫份。

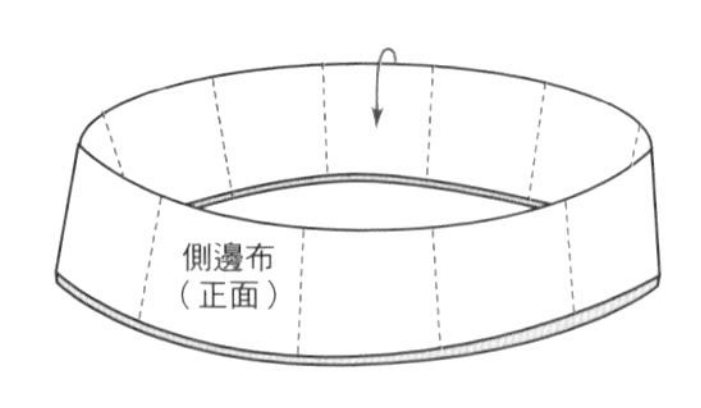

側邊布
（正面）

2 側邊布背面相對疊合，如圖所示車縫10條。

3 將200g棉花分為10等分，塞入側邊布，盡量塞進去一點，車縫時會較方便。

4 床底和側邊布背面相對疊合，以珠針固定。

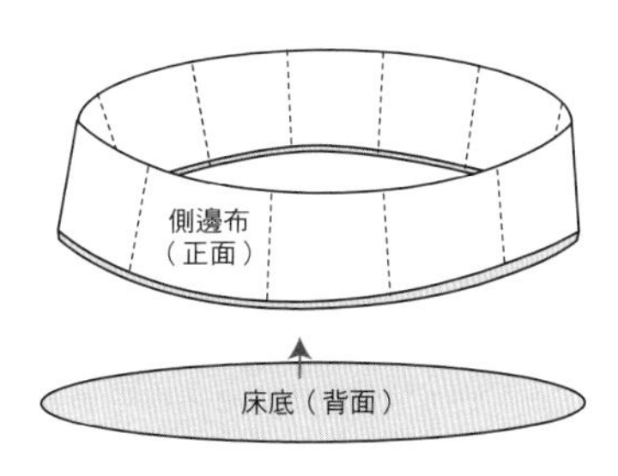
側邊布
（正面）
床底（背面）

5 床底和側邊布背面相對疊合，車縫縫份1cm處。

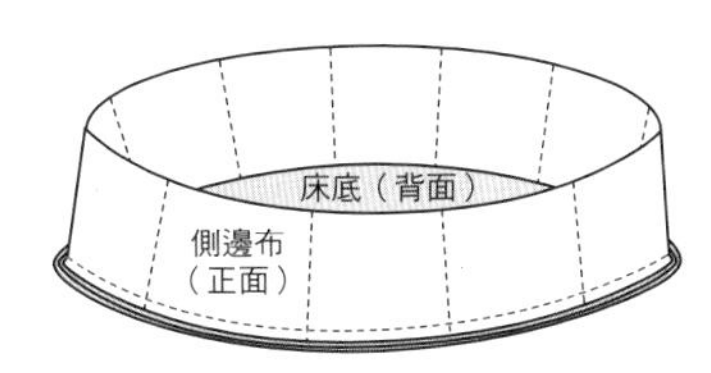
床底（背面）
側邊布
（正面）

6 底布表面朝上側，床墊翻至正面。

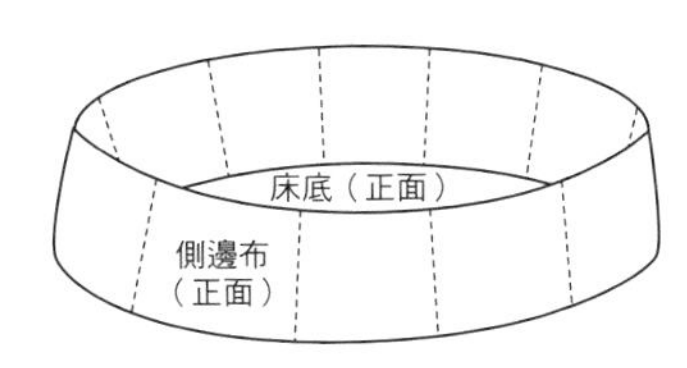
床底（正面）
側邊布
（正面）

2 製作抱枕

1 抱枕表裡布正面相對疊合，車縫縫份1cm處。需預留10cm返口。

抱枕（背面）
返口

2 從返口翻至正面。塞入100g棉花。

3 返口縫份往內摺疊1cm，手縫閉合固定。

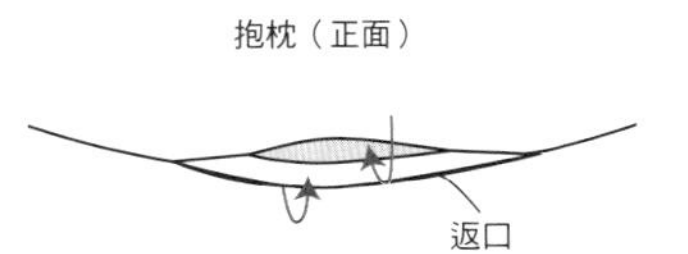
抱枕（正面）
返口

CARRY BAG

材料

- 寬70cm×90cm防水布（裡布・安全鉤環帶）
- 寬70cm×130cm白色帆布（袋布・口袋布）
- 寬70cm×40cm藍色帆布（底布）
- 寬3cm×260cm織帶（提把用布）
- 問號鉤1個
- 120cm尼龍斜布條

完成成品

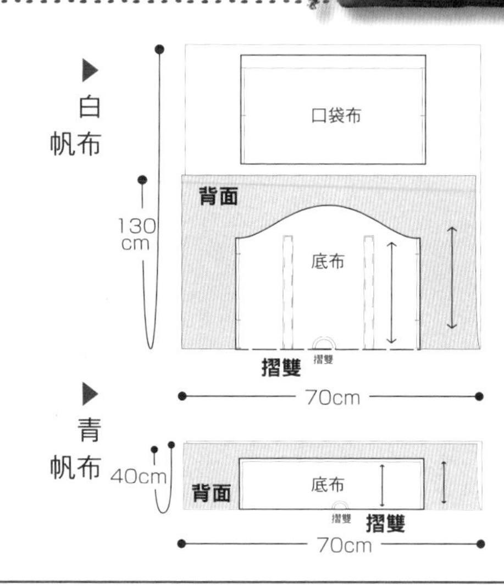
白帆布
口袋布
背面
130cm
底布
摺雙
70cm
青帆布
40cm
背面
底布
摺雙
70cm

裁布圖

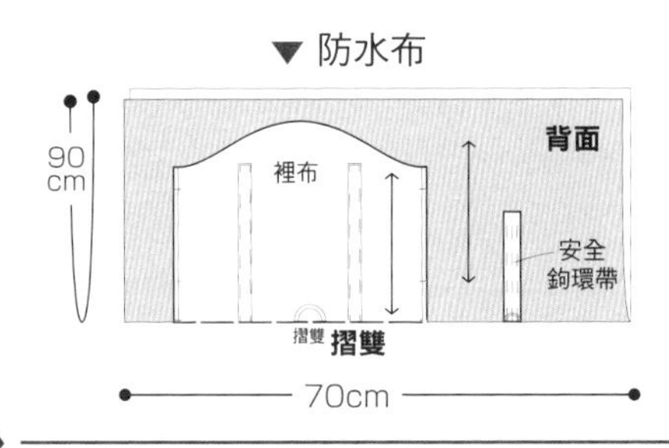
防水布
90cm
裡布
背面
安全鉤環帶
摺雙
70cm

製作順序

1 製作口袋

1 口袋邊端進行Z字形車縫。依合印記號往內側摺疊。

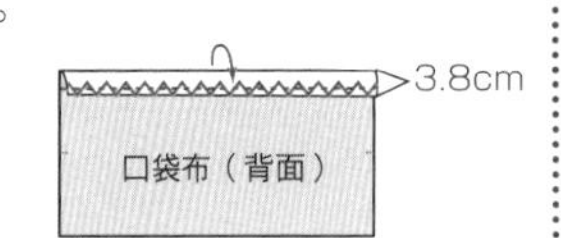
3.8cm
口袋布（背面）

2 車縫邊端3.8cm處。

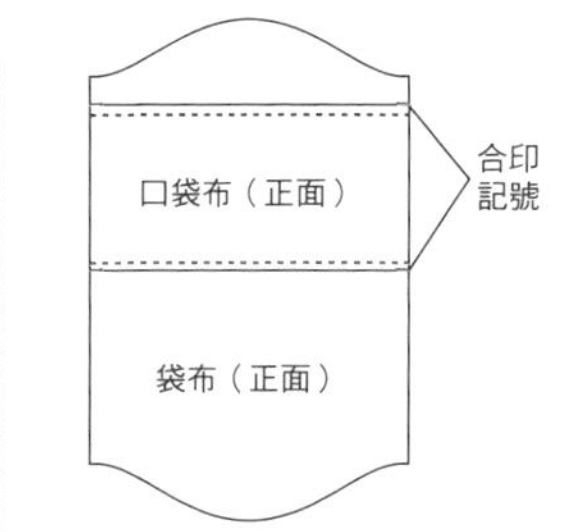
口袋布（正面）
合印記號
袋布（正面）

3 口袋放置表布合印記號處，避免口袋布移動，車縫邊端0.5cm處。

2 製作提把・接縫

1 提把如圖所示正面相對對摺，車縫縫份1cm處，燙開縫份。

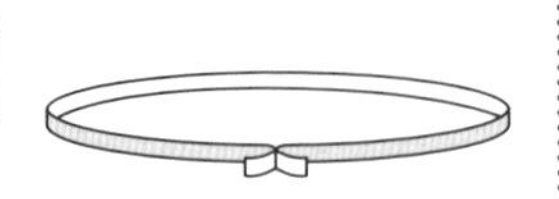

2 如圖所示擺放提把，車縫周圍。（位置請參考紙型）

3 接縫底布

1 底布兩端往內摺疊1cm，熨斗熨燙整理。

底布（背面）

2 依袋布合印記號重疊底布，車縫邊端0.3cm處。

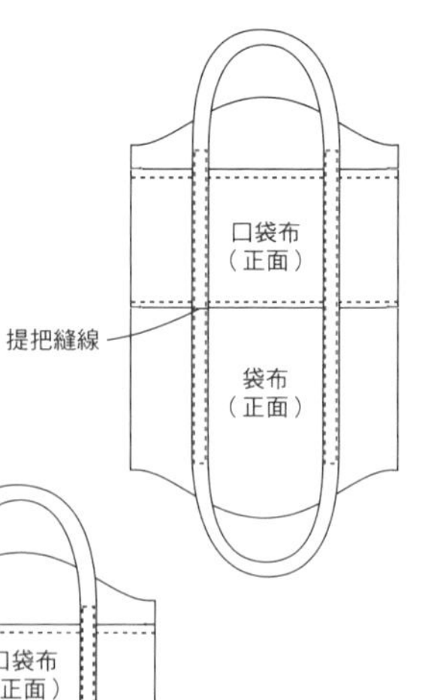
口袋布（正面）
提把縫線
袋布（正面）
口袋布（正面）
底布（正面）
合印記號
袋布（正面）

4 製作袋布

袋布
(背面)

1 袋布正面相對疊合，車縫兩端縫份1cm處。燙開縫份。裡布依相同方法於1.5cm處車縫。

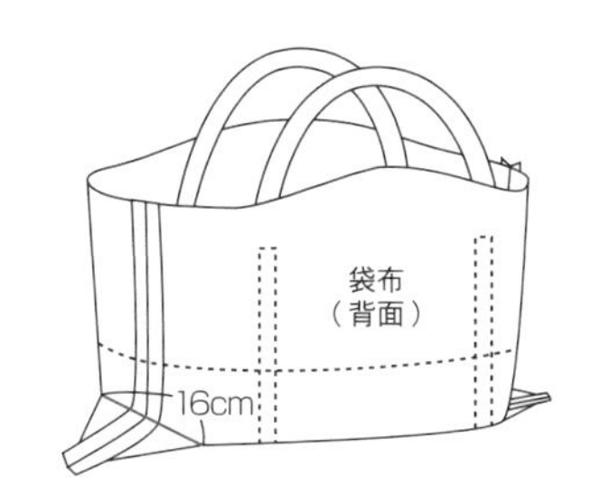
袋布
(背面)
16cm

2 邊角摺疊三角形如圖所示16cm的側幅，以粉土畫記號線。另一側邊角、裡布依相同方法製作。

3 袋布和裡布如圖所示重疊，與步驟**2**的記號線一起車縫。

4 從縫份1.5cm處裁剪。

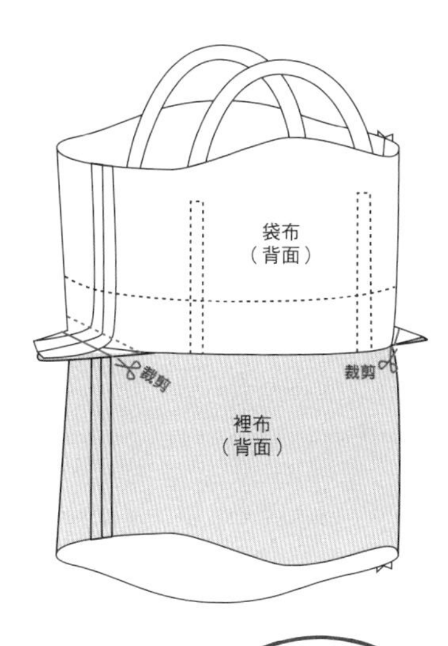
袋布
(背面)
裁剪
裁剪
裡布
(背面)

5 製作安全鉤環帶

安全鉤環帶(背面)

兩端往內摺疊1cm。

2

安全鉤環帶(正面)

再次背面相對對摺，車縫邊端。

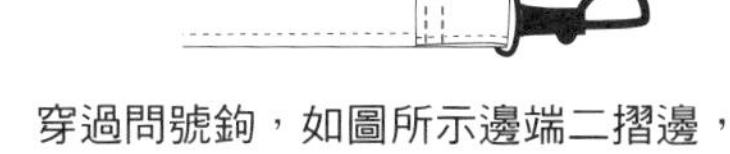

穿過問號鉤，如圖所示邊端二摺邊，車縫兩條。

6 開口車縫斜布條

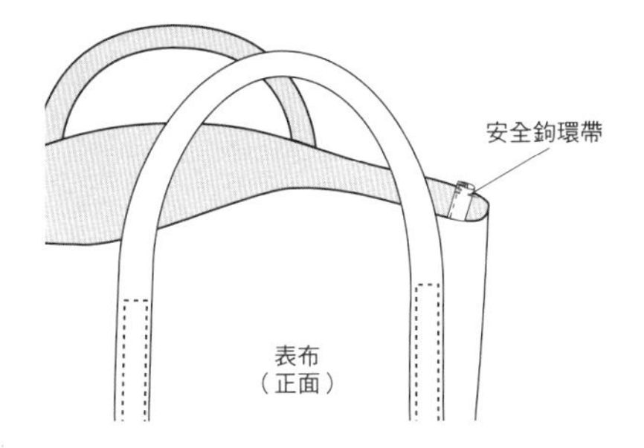
安全鉤環帶
表布
(正面)

裡布置入袋布內側。重疊安全鉤環帶車縫。

2

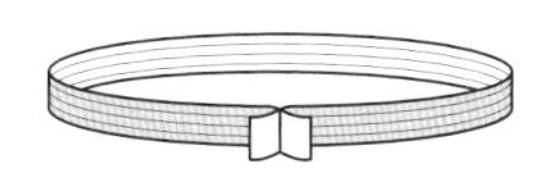

斜布條正面相對疊合車縫。

3 包口和斜布條面相對疊合，織帶摺線如圖所示車縫。

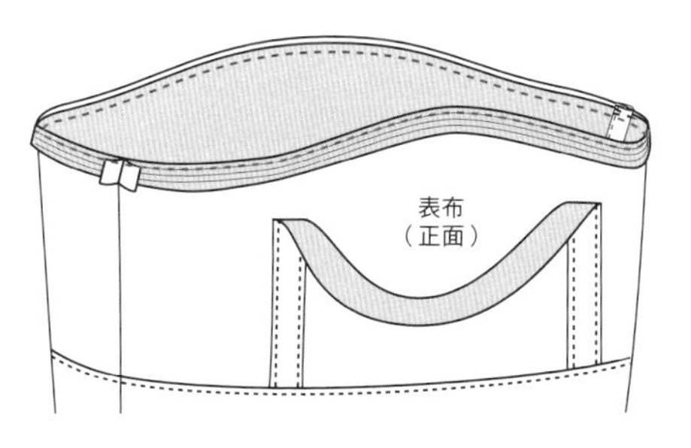
表布
(正面)

4 斜布條沿著摺線往內側摺疊，車縫邊端0.8cm處。

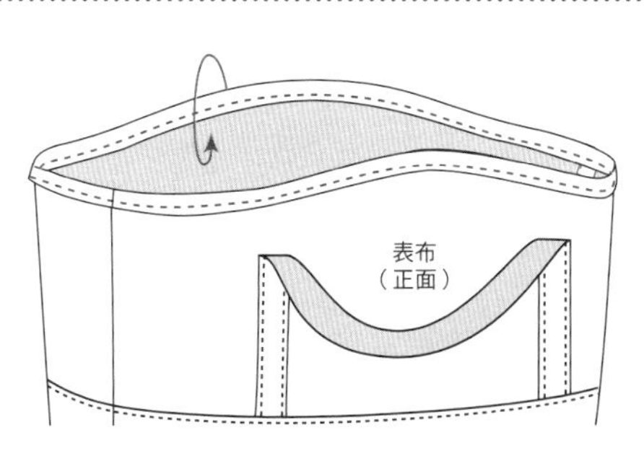
表布
(正面)

領結

材料

- 小・寬12cm×13cm/大・寬17cm×19cm棉質布（蝴蝶結布）
- 小・寬37cm×8cm/大・寬50cm×8cm棉質布（繫繩）
- 大小共通・6cm×7.5cm棉質布（中央用布）
- 小・25cm/大・40cm鬆緊帶1條

完成成品

裁布圖

背面
12cm/17cm
13cm/19cm
蝴蝶結布
6cm
7.5cm
中央布
37cm/50cm
8cm
繫繩

▶棉質布

製作順序

1 製作蝴蝶結

1 蝴蝶結正面相對對摺，預留返口，車縫縫份1cm處。

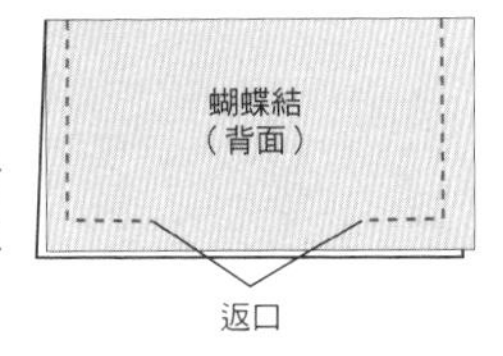

蝴蝶結
（背面）
返口

2 從返口翻至正面，熨斗熨燙整理。

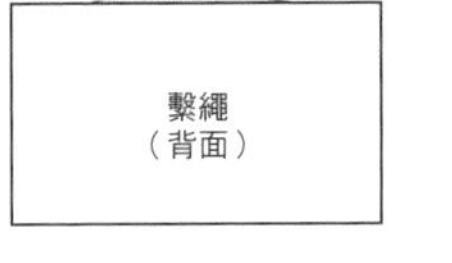

繫繩
（背面）

2 製作繫繩

1 繫繩如圖所示正面相對對摺，車縫縫份1cm處，燙開縫份。

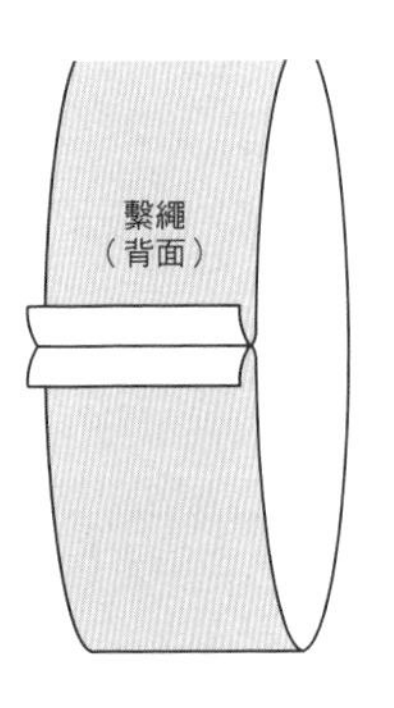

繫繩
（背面）

2 上側1片如圖所示背面相對疊合。

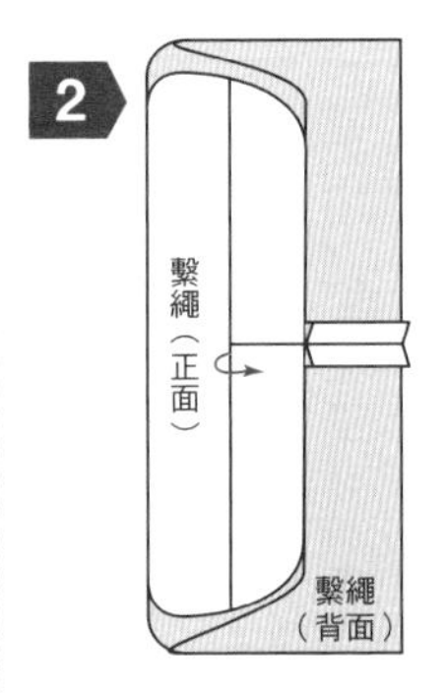

繫繩（正面）
繫繩
（背面）

3 上側1片如圖所示背面相對疊合。

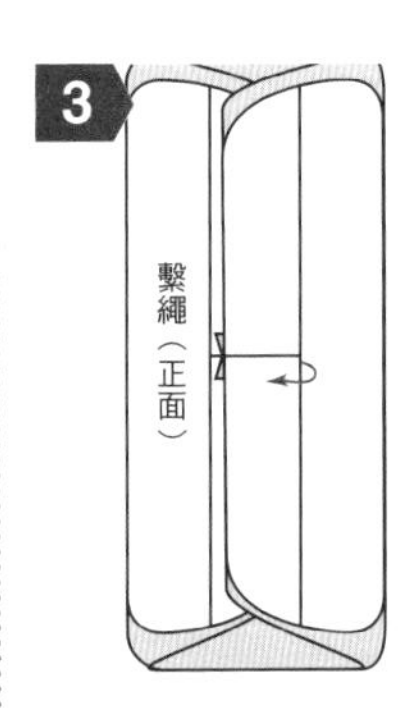

繫繩（正面）

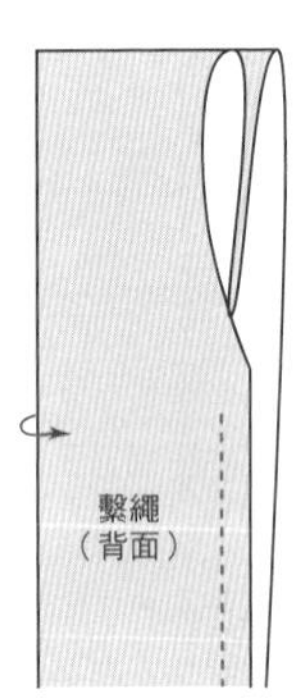

繫繩
（背面）

4 直接背面相對對摺，車縫縫份1cm處、注意不要車縫到摺入部分。

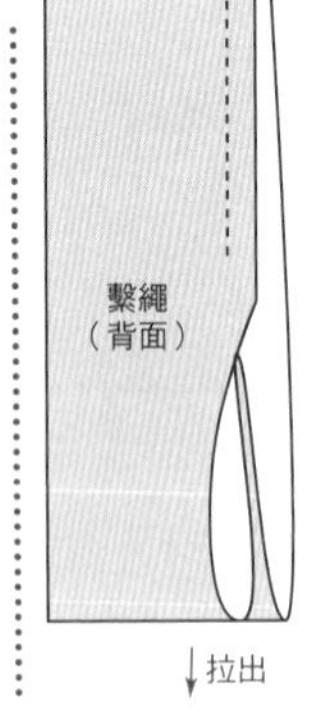

繫繩
（背面）
拉出

5 一邊車縫一邊拉出內摺部分，預留返口車縫周圍。

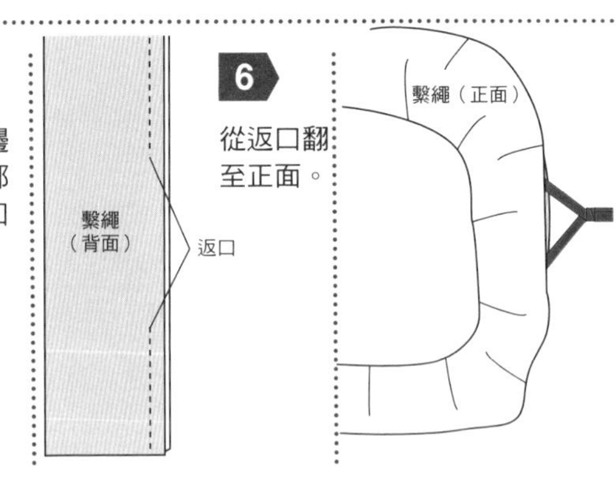

繫繩
（背面）
返口
繫繩（正面）

6 從返口翻至正面。

7 從返口穿入鬆緊帶。邊端打結。鬆緊帶長度請隨愛犬的尺寸調整。

3 車縫蝴蝶結

1 中央布背面相對疊合三摺邊。

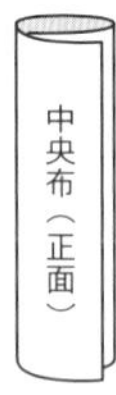

中央布（正面）

2 中央布沿蝴蝶結和繫繩返口處包捲，遮住縫線手縫固定。

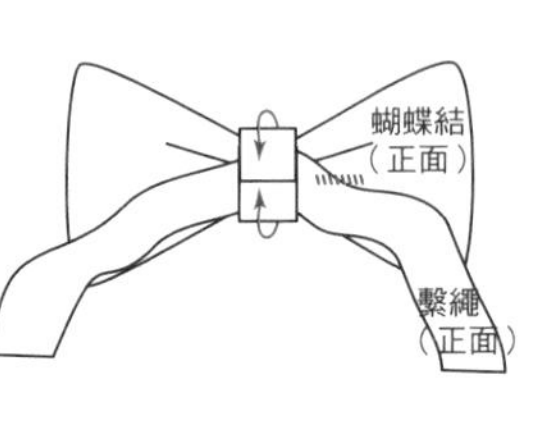

蝴蝶結
（正面）
繫繩
（正面）

毯子

材料

- 寬72cm×47cm短毛針織布（表布用）
- 寬72cm×47cm法蘭絨布（裡布用）

完成成品

裁布圖

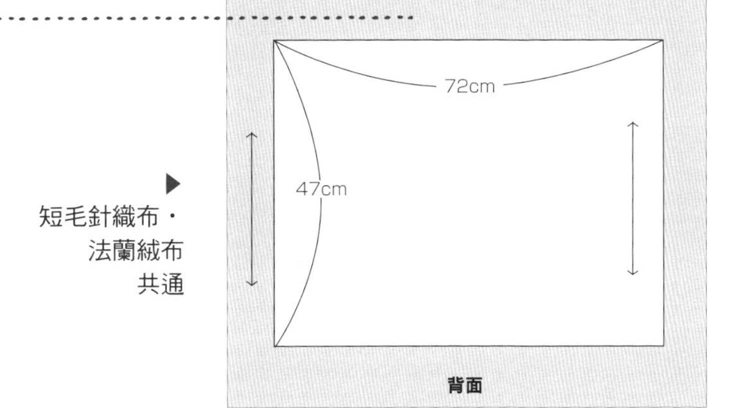
72cm
47cm
短毛針織布・
法蘭絨布
共通
背面

製作順序

1 車縫表布和裡布

1

預留返口10cm，車縫周圍縫份1cm處。

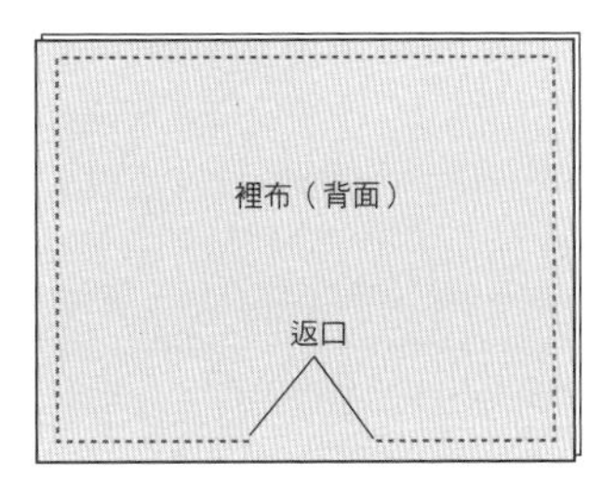
裡布（背面）
返口

2 翻至正面，車縫返口

2

翻至正面，返口縫份往內側摺疊車縫1cm。

表布（正面）

玩具

材料

- 寬25cm×25cm帆布（表布用）
- 寬25cm×25cm帆布（裡布用）
- 25號繡線 3色（6條）
- 棉花 50g

完成成品

裁布圖

▼帆布（表布・裡布共通）

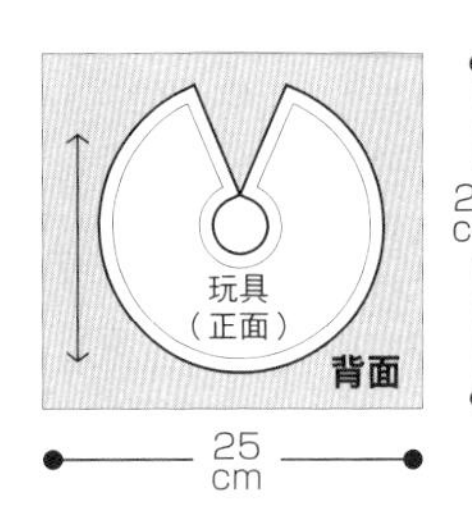

玩具
（正面）
背面
25
cm
25
cm

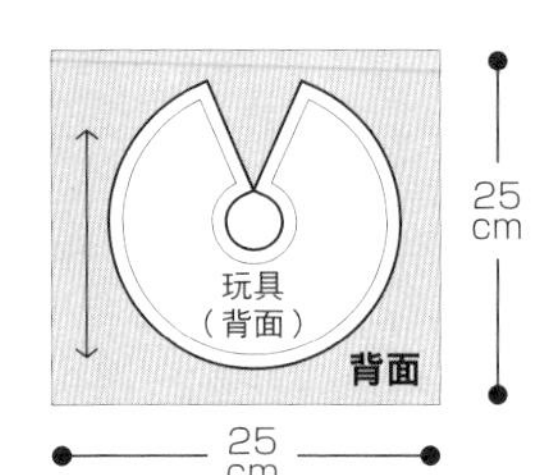

玩具
（背面）
背面
25
cm
25
cm

製作順序

1 表布刺繡

1

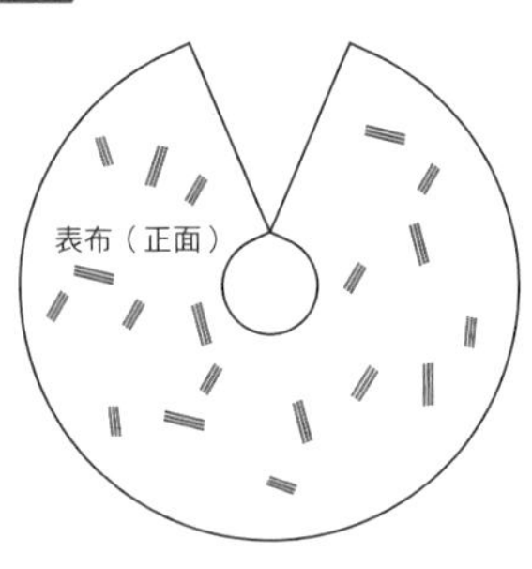

表布（正面）

表布繡上不同長度的三股線。
以三種繡線繡出圖案。

Point

如圖所示，三條線需平行刺繡。可依自己喜愛選擇刺繡線長度。

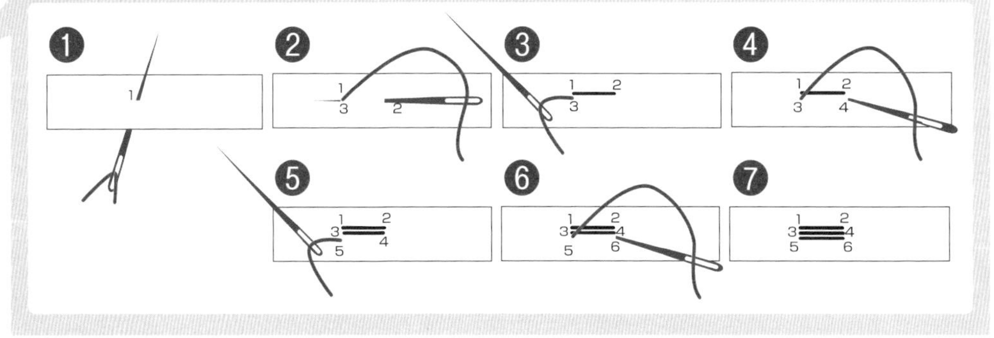

1
2
3
4
5
6
7

2 製作甜甜圈

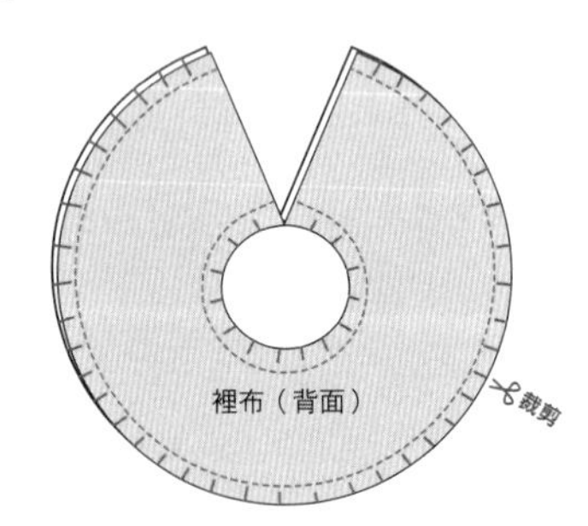

裡布（背面）
裁剪

1 表裡布正面相對疊合，如圖所示車縫縫份1cm處。

2 縫份剪牙口。

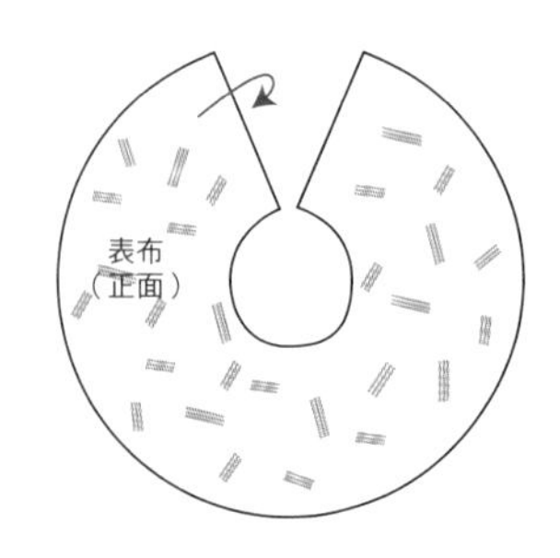

表布
（正面）

3 翻至正面，塞入50g棉花。

4 一側邊端往內摺疊1cm。

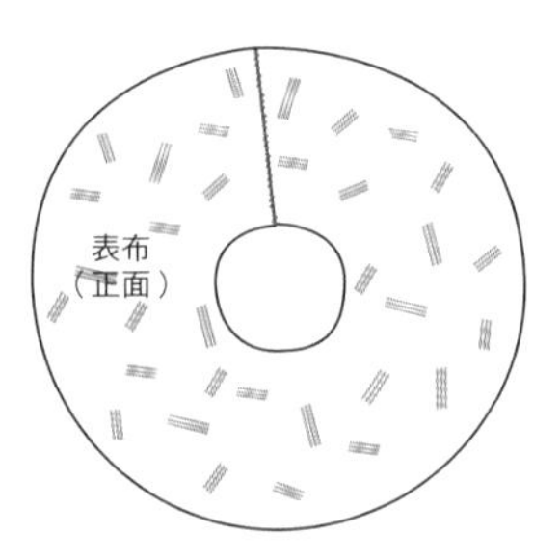

表布
（正面）

5 步驟**4**摺疊處和另一側重疊，手縫固定。

廁所墊

材料

- 寬100cm×100cm防水布（表裡布用）
- 寬4cm×189.5cm防水斜布條（四摺邊滾邊條）
- 暗釦（4組）

完成成品

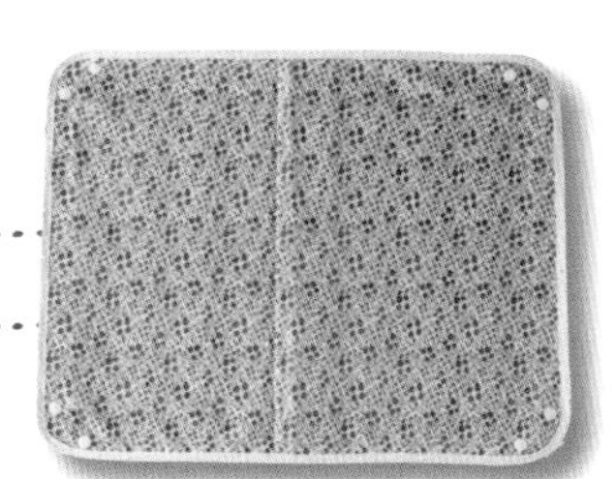

裁布圖

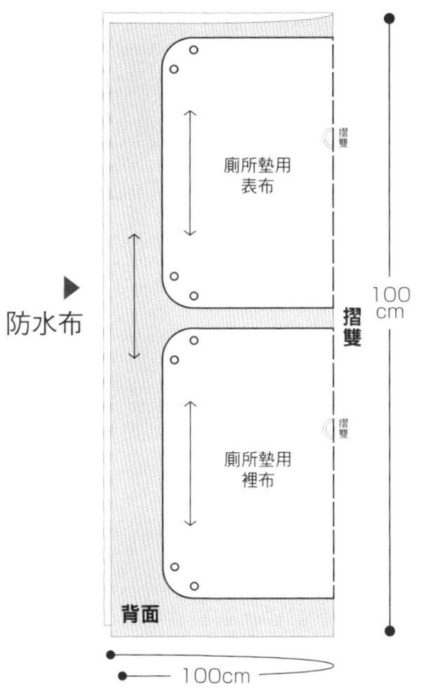

防水布
廁所墊用
表布
摺雙
廁所墊用
裡布
背面
100cm
100cm

製作順序

1 車縫斜布條織帶

1 表裡布背面相對疊合，車縫周圍縫份1cm固定斜布條織帶。

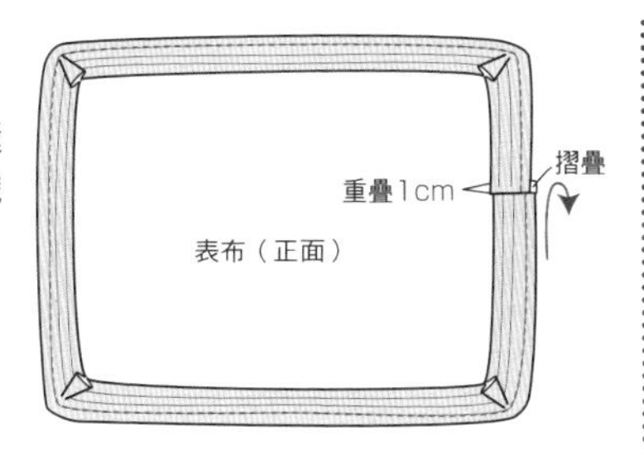

重疊1cm
摺疊
表布（正面）

2 斜布條織帶沿摺線四摺邊，從表面車縫邊端。

表布（正面）

2 裝上暗釦

1 確認暗釦的凹凸釦位置（位置請參考紙型）後裝上。

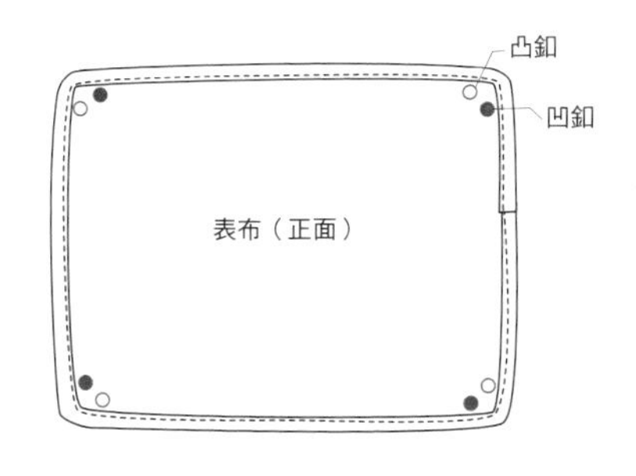

凸釦
凹釦
表布（正面）

Point

如果使用珠針固定防水布，會造成表面損傷，所以使用時請固定在縫份上。建議也可以選擇強力夾這種不傷害布料的工具。

脖圍

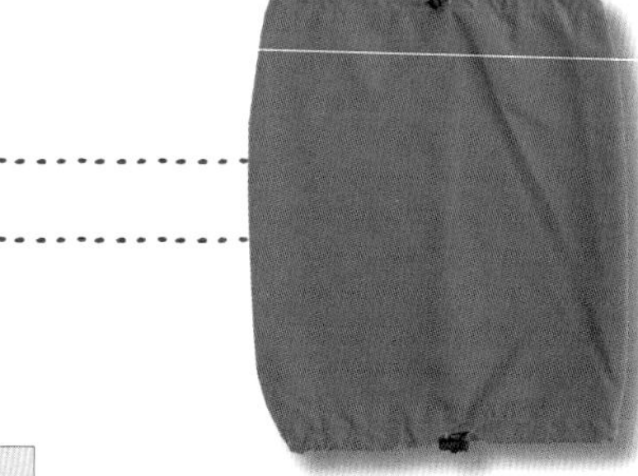

材料

- 小・寬38cm×30cm/大・寬54.5cm×35cm防水布
- 小・35cm/大・50cm鬆緊帶2條
- 繩釦2個

完成成品

裁布圖

防水布

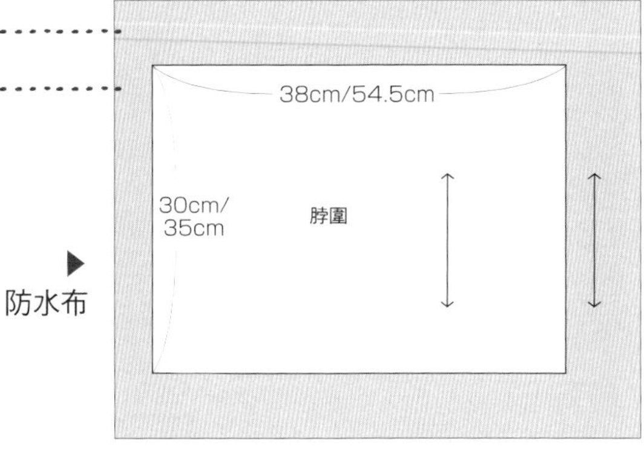
38cm/54.5cm
30cm/
35cm
脖圍

製作順序

1 製作鬆緊帶穿入口

1

從邊端3cm、寬度中心開1.5cm
釦子2顆。

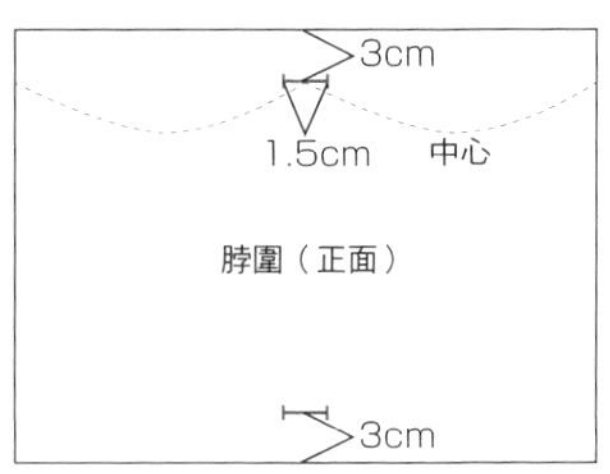
3cm
1.5cm
中心
脖圍（正面）
3cm

2 車縫脖圍

1 上下兩端進行Z字形車縫。

2 正面相對疊合，車縫縫份1cm處。
布料邊端進行Z字形車縫。

脖圍（背面）

3 上下兩端往內摺
疊2cm，車縫邊
端1.8cm處。

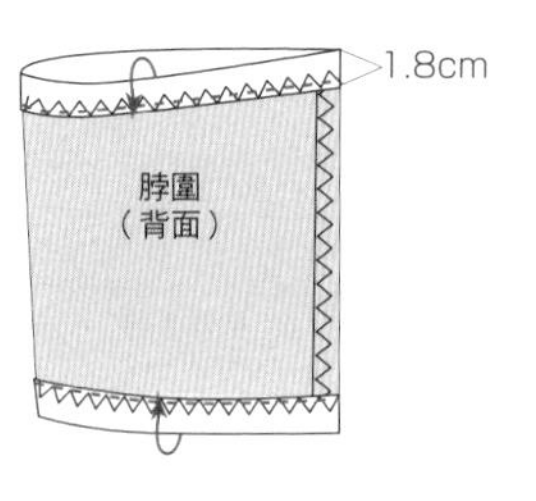
1.8cm
脖圍
（背面）

3 穿過鬆緊帶

1

從釦眼穿過鬆緊帶，裝上繩釦。
對摺打結。打結處拉進頸圍內側。

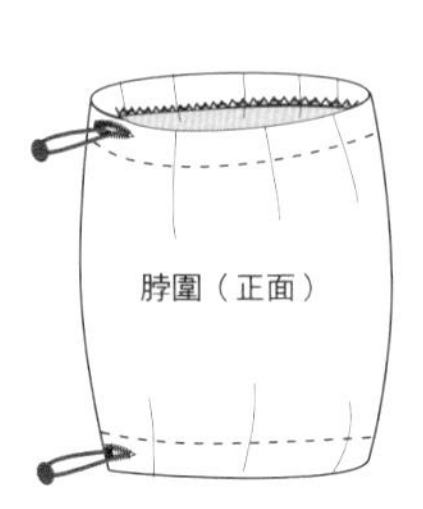
脖圍（正面）

步行輔助帶

材料

- 寬100cm×60cm鋪棉針織布（表布）
- 寬100cm×60cm本色細平布（裡布）
- 寬250×3cm織帶（提把用）
- 2.5×10cm魔鬼粘8組

完成成品

裁布圖

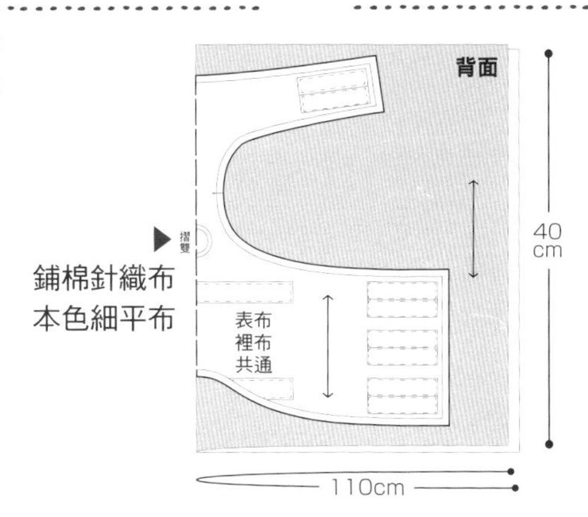
背面
摺雙
鋪棉針織布
本色細平布
表布
裡布
共通
40 cm
110cm

製作順序

1 車縫表裡布

1. 身片表裡布正面相對疊合，預留返口10cm，車縫周圍縫份1cm處。
2. 裁剪邊角，弧線縫份剪牙口。

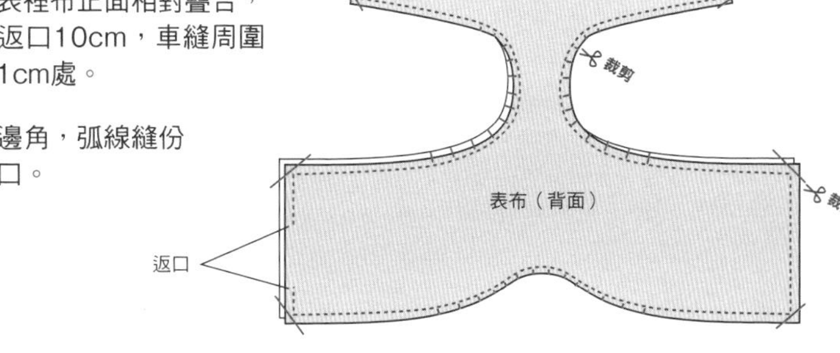
裁剪
裁剪
裁剪
表布（背面）
返口

3. 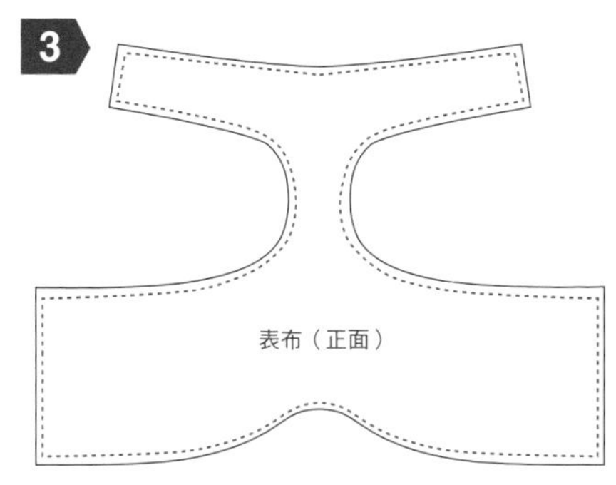
表布（正面）

翻至正面，以熨斗熨燙整理。返口縫份往內摺疊1cm，周圍進行邊機縫。

2 裝上魔鬼粘

1. 裝上魔鬼粘。（位置請參考紙型）請配合愛犬尺寸調整魔鬼粘位置。

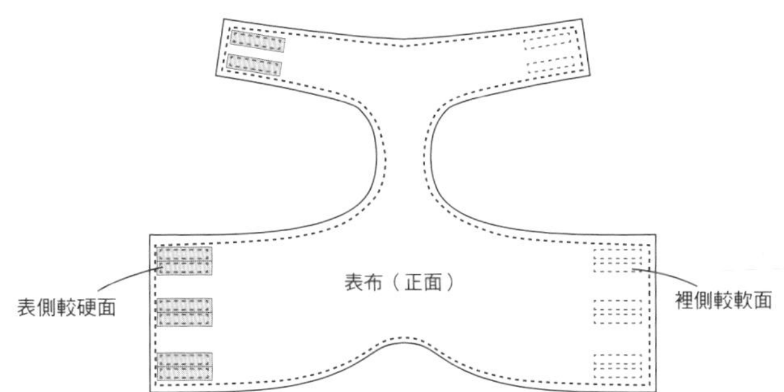
表側較硬面
表布（正面）
裡側較軟面

3 車縫提把

1. 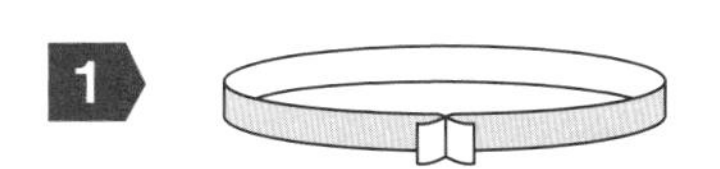

提把如圖所示正面相對疊合對摺，車縫縫份1.5cm處。燙開縫份。

2. 提把如圖所示接縫。（位置請參考紙型）

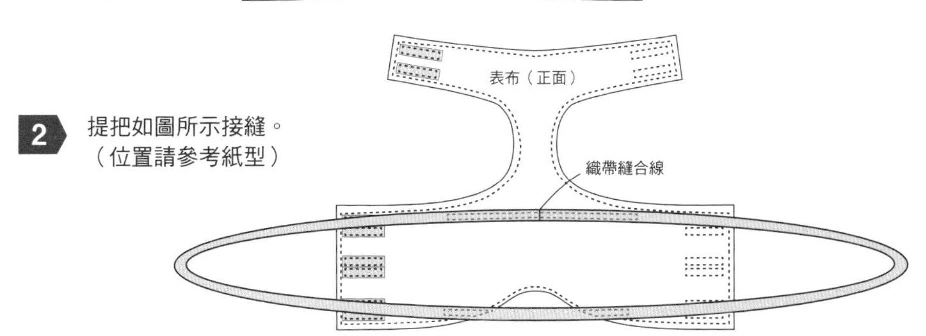
表布（正面）
織帶縫合線

國家圖書館出版品預行編目資料

我家毛小孩超可愛！自己作23款狗狗服＆可愛小物
/武田斗環著; 洪鈺惠譯.
-- 初版. – 新北市 : 雅書堂文化, 2017.2
面；　公分. -- (FUN手作; 113)
ISBN 978-986-302-356-2

1.縫紉 2.衣飾 3.犬

426.3　　106001596

FUN手作 113

我家毛小孩超可愛！

自己作23款狗狗服＆可愛小物

作　　者／武田斗環
譯　　者／洪鈺惠
發 行 人／詹慶和
總 編 輯／蔡麗玲
執行編輯／劉蕙寧
編　　輯／蔡毓玲・黃璟安・陳姿伶・李佳穎・李宛真
封面設計／周盈汝
美術編輯／陳麗娜・韓欣恬
內頁編排／造極
出 版 者／雅書堂文化事業有限公司
發 行 者／雅書堂文化事業有限公司
郵政劃撥帳號／18225950
郵政劃撥戶名／雅書堂文化事業有限公司
地　　址／220新北市板橋區板新路206號3樓
電　　話／(02)8952-4078
傳　　真／(02)8952-4084
網　　址／www.elegantbooks.com.tw
電子信箱／elegant.books@msa.hinet.net

2017年2月初版一刷　定價 350 元

Lady Boutique Series　No.4120
Hajimete demo Kantan! Tezukuri Dog Wear & Accessory

總經銷／朝日文化事業有限公司
進退貨地址／新北市中和區橋安街15巷1號7樓
電話／（02）2249-7714　傳真／（02）2249-8715

Staff

編輯統籌　丸山亮平
統　　籌　三城洋子
封面設計　中川智貴 (STUDIO DUNK)
攝　　影　柴田愛子 (STUDIO DUNK)
攝影協力　Dog Cafe ABC
造 型 師　西出悟子
縫製人員　大橋住江・上瀨誠子・西出悟子
特別感謝　愛犬和主人們
編　　輯　持田桂佑・小野麻衣子・伊達砂丘・西澤美沙子 (STUDIO PORTO)

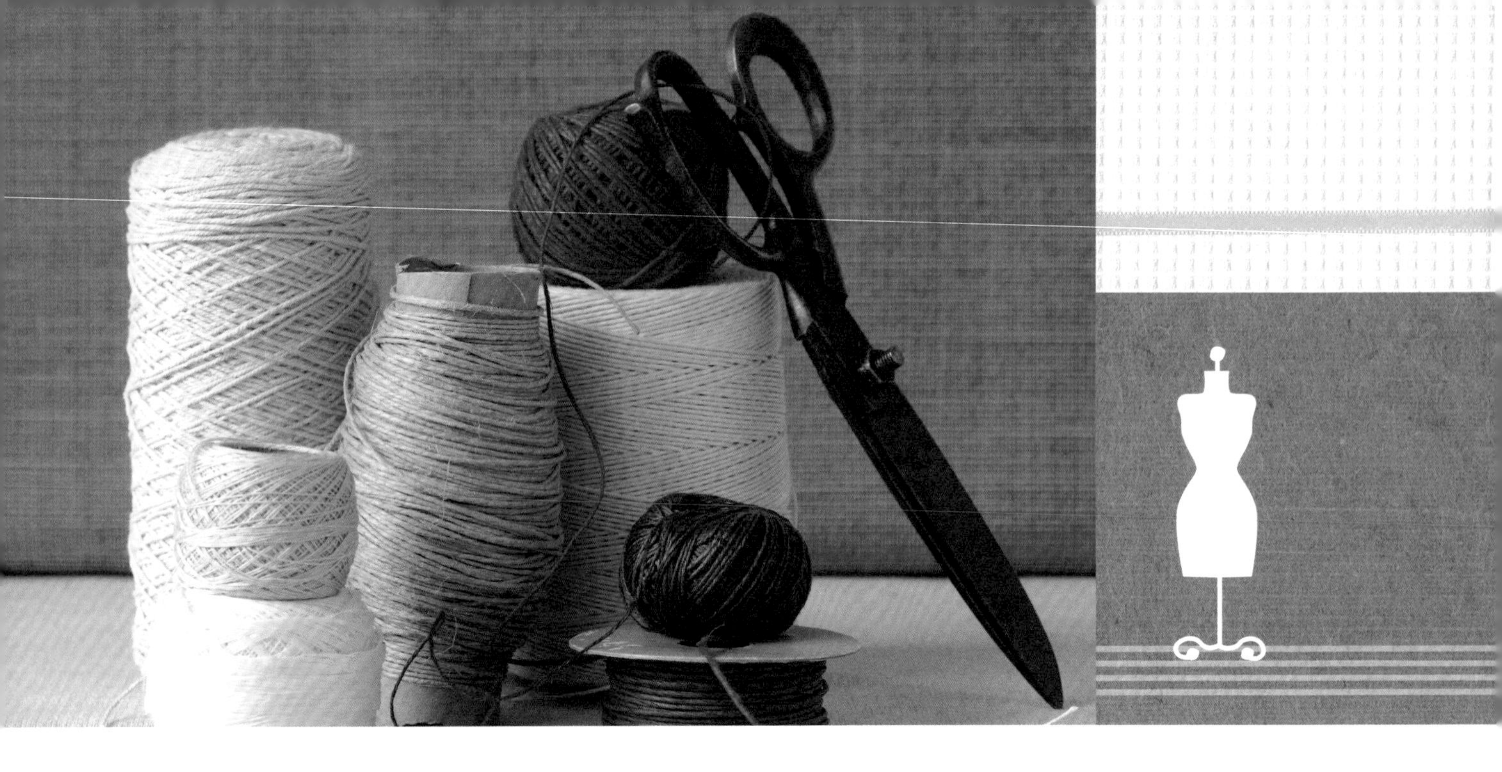

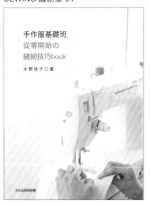

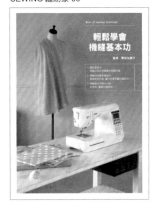

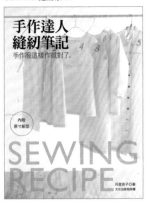

完美手作服の必看參考書籍

SEWING 縫紉家 03

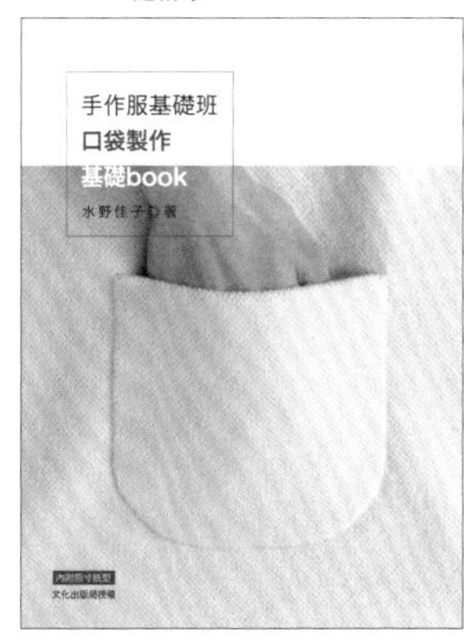
手作服基礎班
口袋製作
基礎book
水野佳子◎著

手作服基礎班 口袋製作基礎 book

水野佳子◎著　定價：320 元

口袋，除了原本的盛裝物品的用途外，同樣也是衣服的設計重點之一！除了基本款與變化款的口袋，簡單的款式只要再加上拉鍊、滾邊、袋蓋、褶子，或者形狀稍微變化一下，就馬上有了不同的風貌！只要多花點心思，就能讓手作服擁有自己的味道喔！

SEWING 縫紉家 02

手作服基礎班
畫紙型＆裁布
技巧book
水野佳子◎著

手作服基礎班 畫紙型＆裁布技巧 book

水野佳子◎著　定價：350 元

是否常看到手作書中的原寸紙型不知該如何利用呢？該如何才能把紙型線條畫得流暢自然呢？而裁剪布料也有好多學問不可不知！本書鉅細靡遺的介紹畫紙型與裁布的基礎課程，讓製作手作服的前置作業更完美！

SEWING 縫紉家 01

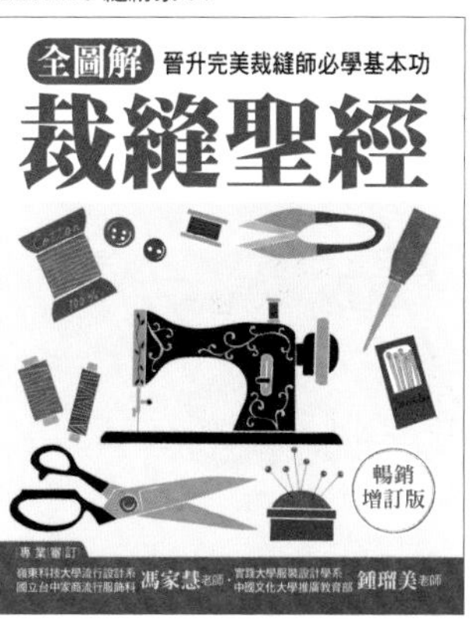
全圖解
晉升完美裁縫師必學基本功
裁縫聖經
暢銷增訂版

全圖解 裁縫聖經（暢銷增訂版） 晉升完美裁縫師必學基本功

Boutique-sha ◎著　定價：1200 元

它就是一本縫紉的百科全書！從學習量身開始，循序漸進介紹製圖、排列紙型及各種服裝細節製作方式。清楚淺顯的列出各種基本工具、製圖符號、身體部位簡稱、打版製圖規則，讓新手的縫紉基礎可以穩紮穩打！而衣服的領子、袖子、口袋、腰部、下襬都有好多種不一樣的設計，要怎麼車縫表現才完美，已有手作經驗的老手看這本就對了！